JN239472

Finding "Common Ground" for Agriculture and Forestry in Era of Population Shrinkage

人口減少期の農林地管理と合意形成

農林業生産と環境保全の両立を目指して

香坂 玲 編 Ryo Kohsaka

ナカニシヤ出版

目　　次

序　章　時空間の視点をずらしながら専門家、行政、市民をつなぐ
——香坂　玲　*1*

第Ⅰ部　生産持続と環境保全にむけた合意形成につなげる

第１章　市町村の森林・林業行政における合意形成
——光田　靖　*19*

第２章　獣害対策のための政策と合意形成
自助と共助を育てる公助の支援——山端直人　*39*

第３章　風車の視覚的影響評価
手法の比較から地域における合意形成の示唆
——内田正紀・宮脇勝・香坂玲　*75*

第４章　ゲーミング・シミュレーションを用いた持続的な木質バイオマス熱利用のための地域通貨導入プロセスの設計
——吉田昌幸・豊田知世　*107*

第５章　未来の担い手を仮想した議論と合意形成
フューチャー・デザインの試行より
―――――――――― 中川善典・高取千佳・謝知秋・香坂玲　*123*

第６章　オープンサイエンスの潮流とシチズンサイエンスの活用にみる新たな共創スタイルの可能性
―――――――――― 林　和弘　*145*

第Ⅱ部　労働力と農地管理の現状を可視化する

第７章　人口動態と農林地維持に要する管理労働力の試算
―――――――――― 高取千佳・川口暢子・源慧大　*163*

第８章　リモートセンシングを活用した農地管理・転用の実態把握
―――――――――― 高取千佳・謝知秋　*181*

第９章　土地利用状況把握におけるリモートセンシングの活用
耕作放棄地の自動判別手法の構築
―――――――――― 祖父江侑紀・森山雅雄　*199*

終　章　困難な合意形成を実現していくために
―――――――――― 香坂　玲　*227*

索　引　*235*

序章
時空間の視点をずらしながら専門家、行政、市民をつなぐ

香坂 玲

2014年、いわゆる「増田レポート」を契機に、「地方消滅」、「消滅可能性都市」という文言が大きな話題となった。同レポートは、岩手県知事や総務大臣を歴任した増田寛也氏が座長を務めた民間組織「日本創成会議」の人口減少問題検討分科会が公表したもので、全国の市区町村の約半分にあたる896自治体が2040年までに消滅する可能性があるとの衝撃の将来像を示し、人口減少問題に一石を投じた。

それから10年——2019年末からのコロナ禍などを経て、増田レポートが提起した問題について様々な検証が行われている。民間の有識者グループ「人口戦略会議」が消滅可能性自治体の新たな分析を公表し、注目を集めているが、本書は、人口そのものの推移を主眼とはせず、あくまで農業や林業に関わる土地の課題についての分析をメインにしている。再生可能エネルギー施設の立地を含め、農林業に関わる土地利用の課題では、国のレベルの構想とか法や枠組が必ずしも自治体における規模にうまくスケールダウンできてない面がある一方、逆に個々のエリアの成果が積みあがってきていない面もあるなかで、「スケール間の調整」が必要となる。

さらに、人口減少が進む縮退地域のなかで、農林業の生産活動と環境保全の両立、あるいは防災や減災の機能との兼ね合いやバランスといった、自然や農林業の果たす「役割あるいは機能のバランスの調整」も問われている。所有、人口、環境の変化などが複雑に絡み、一つの解決策を見出したと思う

と他の問題が生まれ、いわゆるWicked Problem（厄介な問題）といった様相を呈し、先送りや様子見が繰り返されるうちに、虫食い状に問題が進んでしまっている地域も多い。都市と比較し、農山漁村を含む地域では、「所有者不明化」問題が先行しており、地籍調査、税の関連制度、不動産登記の制度の課題が指摘され（吉原 2017）、その後、制度改定などがなされてきた。

また、農業や林業は多面的機能を有し、実践すればするほど環境保全と結びつくということが信じられ、長らく農林水産省では馴染んできた概念となっている。「予定調和」という言葉があるが、もちろん、予想通りに達成される可能性はある。ただし、やり方の工夫、長期的な取り組み次第であろう。しかし、現実には農地・森林に対し、いわば「みなし」としての環境への貢献などから、政策的な支援が行われてきた。研究面でも、農林水産省の依頼を受けて、日本学術会議などが農地・森林の多面的機能の評価を実践してきた歴史もある。

そうした状況において、人口や土地利用のダウンサイジングに関する住民の話し合い、合意や意思決定に、専門的知見を持つ科学者がどのような役割を果たせるのか。

このような問題意識を出発点として、本書では、三重県松阪市の旧飯高町地域を中心に実施した3年半のプロジェクトの経験を軸として、データや科学が果たす役割の可能性と課題について分析をしている。その分析を通し、農林業生産の活動と環境保全の両立に向けた提言や、地域課題の「見える化」ができるICTを活用したマッピング合意システムの作成を目的としている。序章では、背景、プロジェクトをスタートさせた問題意識を紹介したい。同時に、EBPM（Evidence Based Policy Making：証拠に基づく政策立案）という広い領域から見たときの農林業の固有性、可能性、そして課題についても敷衍していく。

まず、プロジェクトを実施した旧飯高町地域の概略を示す。現在の人口は3000人強で、10年間で約15％程度のペースで人口減少が進む。2015年と20年の農林業センサスを比較すると、林業経営体は78から50に、農業経営体は147から96にといずれも減少傾向だ。そもそも旧飯高町は櫛田川流域にある四つの村が合併して発足した町で、合併前の村単位で東から宮前・

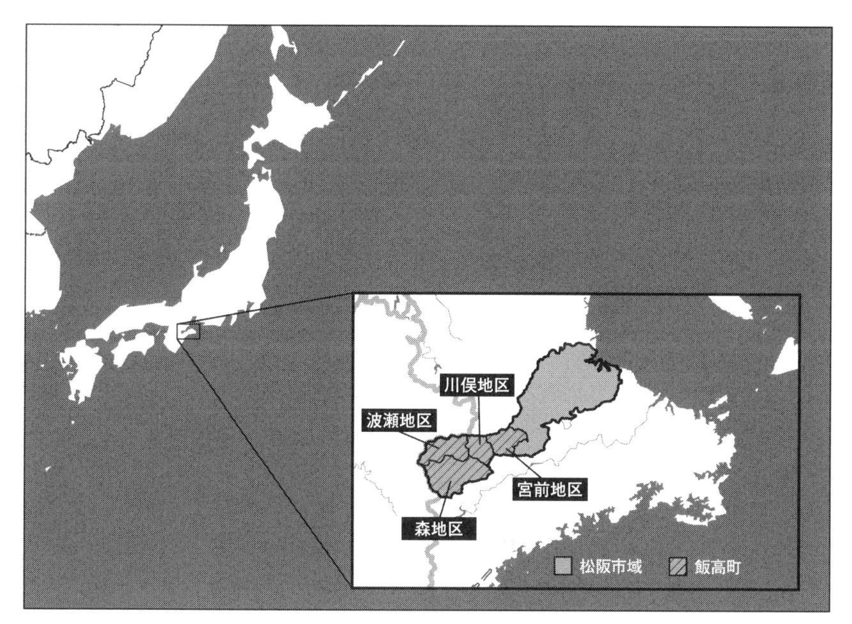

図序-1　三重県松阪市旧飯高町地域

川俣・森・波瀬の4地区がある。市街地に近い宮前地区は茶・きのこ生産、奈良県側の波瀬・森地区では吉野木材の産地に近いこともあり、現在でも林業が比較的盛んであり、櫛田川上流から市街地に向けて徐々に林業から農業や製茶が盛んなエリアへと段階的に変化していく地域となっている。

プロジェクトの開始時には、「農林業の分野のプロジェクトは、データを集めるだけで一杯一杯になってしまうケースが多く、分析や政策の提言まで踏み込めないのでないか」といった懸念の声が聞こえてきた。また、他領域の研究者からは「農林業の分野を超えて、他の領域にも応用ないし援用できる知見は何か」という宿題もいただいた。

その二つの課題、データの収集と普遍的な応用という課題に十分に答えることができたのか。まずデータの収集の課題から振り返ってみたい。当然、成果を政策や意思決定に役立ててもらおうということが出発点にあったので、データの収集に四苦八苦して終わってしまうということは何としても避けたいというのがプロジェクト参加メンバーの思いでもあった。

データは大きく二つの領域に分けて収集を目指した。一つ目の領域は、地域住民の将来像とその合意に向けたプロセスに関するデータである。二つ目の領域は、農林業の内容、労働時間、生産目的に供される土地などについて住民にヒアリングをしたデータと、土地利用に関する衛星などによる空撮されたデータである。

一つ目の領域の合意形成について、実際にプロジェクトを開始して実感したのは、データ収集や議論の以前に、「そもそも将来について話し合いの場を持つことが難しい」という現実だった。年間の催事としての祭りや共同活動としての草刈りなどについては、地域の協議会などでも議論されるが、地域の将来像や長期的構想について話し合う場は、なかなか見当たらなかった。

結果的に、プロジェクトを実施した地域の行政の振興局と地区単位の地域協議会との連携で話し合いの場を設けさせていただいた。なお、4地区のなかで最も山間にあって林業が盛んな波瀬地区と、最も市街地に近い宮前地区を主な対象とした。その話し合いにおいて、開始前に各自の将来像とグループでの将来像について、終了後に話し合いを経て選んだ将来像などについてヒヤリングを行い、延べ100名以上の参加者にご協力いただいてデータを収集した。その結果については、行政にも地域にも報告会の形で議論をさせていただいた。

またフューチャー・デザインという手法を用いた話し合いでは技術的な課題と発見もあった。プロジェクトがスタートして2年程度は、新型の感染症が流行する時期と重なってしまい、対面での行動や開催が制限され、計画しては中止といったことが繰り返された。実際に、試行的に未来人になって考えてもらうという取り組みは、少人数の住民とオンラインで実施することになった（本書の中川善典による5章を参照）。集まってもらう場の設営だけでなく、技術的な課題もあった。ただ、マイナスの面ばかりではなく、テレビ会議システムと録音機を使って録画・録音をすることで、議論の流れ、個々のやり取り、論点の変遷などをデータとして残し可視化することができた。
地域の話し合いのなかで、再生可能エネルギーは言及されることも多い項目の一つであった。特にプロジェクト期間中に風力発電施設の設置に関係する構想が持ち上がり、地域の住民の間でも議論となった。研究者サイドではその賛否に終始するのではなく、方法論について整理をする必要性を感じ、内田正紀・宮脇勝・香坂玲による3章において、その内容を概観した。

住民が参加する手法としてのゲーミング・シミュレーションという軸で、吉田昌幸・豊田知世による4章は、地域の木質バイオマス熱利用の展開を議論している。豊田知世らは、中国・山陰・東北のエリアにおける木質バイオマスを対象とし、地域通貨や住民参加の手法を活用したプロジェクトを展開しており、連携するプロジェクトとして寄稿いただいた。

二つ目のデータの領域として、農林業の内容、労働時間、生産目的に供される土地などについて住民へのヒアリングを実施した。こちらも多くの方々に協力いただき、時には現地を案内いただきながらデータやサンプルを収集することができた。こちらについては、人口動態と農林地維持に要する管理労働力を論じた高取千佳・川口暢子・源慧大による7章に詳しい。

加えて、7章の農地管理のための作業量をもとに、流域における管理作業量の推定、農地の作物や耕作状況の把握を行うとともに、増加傾向にある農地から太陽光発電施設への転用について、災害リスクを含めた観点から検証し、高取千佳・謝知秋の8章で論じた。

またプロジェクトでは国、県のセンサスやLiDAR（Light Detection And Ranging）を含む空撮のデータ、あるいは獣害については保険の支払いなどのデータを収集することができた。応用の分野として、例えば獣害柵の設置などについても場所や経路についての手がかりを得ることができた。関連する三重県の事例を含む地域での獣害に関する合意形成の取り組みについては、山端直人の2章に詳しい。

さらに、祖父江侑紀・森山雅雄による9章で述べるように、人間の目や手を動かすことを減らす省力化した形で、放棄地となっている場所の候補、今後放棄が進むと思われる潜在的放棄地の場の特定を試行的に実践した。耕作放棄地の推定には衛星画像を活用した。この取り組みの根底には、人口減少が進む状況下で、生産現場の担い手不足だけではなく、行政においても税収や担い手が減っていくのは必至であり、そうした前提のなかで、いかにデータやエビデンスを有効活用していくのか、という問題意識があった。また、人工的な施設や実験室などと異なり、野外で自然環境と向き合う農林業の生産の現場にどこまでデジタルな要素を組み合わせることができるのかを模索する試みでもあったといえる。

このようなデータやエビデンスによる「見える化」の試みを進めるにあたり、農林業分野における課題や特徴はどのあたりになるのか。作業であれば「匠の技」あるいは経験からの「勘」など、明示・共有されない暗黙知の印象が強い。また意思決定の場面であれば、合理性というよりも、祖先への「思い」や地域社会の和の「感情」といった要素の影響が大きそうだ。

ただし変化の芽もある。かつては、農地・林地であれば、生産以外の目的への転換や自然に任せることはタブーとされてきたが、徐々に生産に向くところとそうではないところをしっかり区分していこうという方向に議論が展開してきており、賛否はあるものの、「戦略的ダウンサイジング」といった言葉も聞かれるようになった。いよいよ時間的に先送りできない局面、あるいは国や広域の自治体が枠組みだけを提案し、具体的な課題をローカルなスケールに丸投げするのでは難しい局面になっている。

そのような課題のなかで光田靖による1章では、市町村の森林・林業行政の判断とその軸を考察していく際の一助となるように、ゾーニングの考え方を整理し、防災と収益性を軸としたプログラムを紹介している。さらに今後は、研究者や専門家が一方的にデータを提示するのではなく、より分散した双方向の模索が続く。どのように住民や市民とデータを共創し、発展させていくのかが、鍵となる。林和弘による6章では、そのオープンサイエンスの潮流を概観している。

合意形成に向けて視点をずらす工夫

課題のなかで特に難しいと感じたのは、人口の減少による生産・管理や環境の悪化というのは、ゆっくりと進行する静かな危機であり、何かを変えていかなければならない局面であってもズルズルと先送りにされてしまう傾向がある、という点であった。

問題を先送りしたくなる傾向というのは、何も農地・森林に限らない。少子化、科学技術の整備、インフラの維持についても同様の力学が働く。ただし、土地の問題には議論すること自体が容易ではない背景がある。土地は個人の所有であると同時に、その利用・管理は近隣の土地と密接に関係し、自治体あるいは流域といった単位で公的な役割を果たすことも多い。一方で、日本の地域社会のなかで、顔見知りで顔を合わせることも多い住民の所有物や方針について意見を述べるのは荷が重いと感じる関係者も多い。空間を共有する地域のなかで本音や踏み込んだ発言というのはなかなか難しい現実がある。「他人様のものだから口は出せない」といった言葉、また「先祖代々のものだから、自分の代で終わるのは忍びない」といった発言をよく耳にするのが、農業や林業に関わる土地の課題の特徴であろう。

そこで問題をもう少し幅広い観点から議論できないだろうかと、時間の尺と空間のスケールを広げたり、ずらしたりして議論するという試みを行った。例えば時間軸であれば、2020年代の問題というところから、約30年後の2050年を想定して考えるという設定をした。その背景として、土地問題というのは、現時点での地勢、状況、制度、関係者を前提として考えていくと、どうしても袋小路に入り込んでしまいがちであり、そうした問題に対し、産業や人口の構成、災害の状況、気候や環境が変わっている可能性が高い将来の地点から見直すことで、現在の問題や課題の解決への糸口を見いだす契機にならないか、という狙いがあった。また空間的なスケールについても、自らの地区・市町村の単位を超えて、都市部まで続く「流域」、あるいは「街道」といった単位でのスケールでも考えてみることを促す仕掛けをした。長い時間軸や広い範囲などでの解釈によって、問題を多様に捉え、相対化させることができないだろうか、という問題意識から出発している。

一方で、長期の尺や広いスケールが、実際には厳しい予測や数字を突き付けてしまう面もある。旧飯高町地域でのプロジェクトでは、議論に先立って、特に厳しい予測が示されている人口についての統計やデータを示した。そのうえで、住民の参加者に農地・林地の将来像などの議論に入ってもらった。人によっては、厳しいデータを見た時点では諦めたくなっても、集団で議論をすることで気づきがあったり、同じデータを共有していても課題と感じる点のズレや共通点を発見したりして、考えを見直す契機ともなった。グループの中での対話、その力学がどのように変化するのか、ということも含めた試行となった。

このような視点は過去の類書に負うところも大きい。飯國芳明氏らは、『土地所有権の空洞化――東アジアからの人口論的展望』（ナカニシヤ出版、2018年）のなかで、人口を軸としながら、国を超えた比較を行っている。国の総人口に占める生産人口の割合が高い人口ボーナスではなく、低い人口オーナスの時期における、台湾、韓国、日本、フィリピン、マレーシアの人口、経済成長と土地所有権の課題を論じている。大局的な視点で人口増加から減少、キャッチアップ型からポスト高度経済成長期の動態のなかで、生産人口や経済の変化が土地所有にどのように影響するのかが論じられている。

その6年前に出版され、姉妹編と言及されている新保輝幸・松本充郎編『変容するコモンズ――フィールドと理論のはざまから』（ナカニシヤ出版、2012年）では、日本の自然資源の利用が過剰利用から過少利用に転換していく際における入会権やルールについてのコモンズの課題をフィールドでの知見を交えながら論じている。

また金井利之氏は、共著『縮減社会の合意形成――人口減少時代の空間制御と自治』（第一法規、2018年）のなかで、主に法律学の立場から縮減社会における合意形成について議論を展開している。縮減社会を人口減少と経済縮小を包括した概念として提示しつつ、はたして縮減社会では空間利活用も連動して縮退するのか、という問いを立てている（p. 11）。そのうえで、縮減社会でも「空間それ自体は縮小するわけではない」と指摘し、空間利活用の有無も含めた空間のあり方の合意形成について問題提起している。同時に、EBPMについて、国・自治体間の合意形成のなかでダム建設による観光振興を例にしながら、成功事例に偏って関係者を説得しようとする「証拠なき「論」」に陥る危険性も指摘している（p. 201）。

筆者らが実施したプロジェクトにおいても、一部の「成功事例」の列挙はエビデンスとはならないという認識に立ち、そのうえで科学者・行政・住民それぞれの立場によってエビデンスの解釈が異なるという点に留意した（この点は同プロジェクトも含め、医療、インフラ、感染症対策など様々なプロジェクトが参画する「科学技術イノベーション政策のための科学［研究開発プログラム］」全体の問題意識になっている）。そこで、プロジェクト構想・計画のなるべく早い段階から行政や地域住民と一緒に作業をすることも心掛け、どのように証拠やデータを提示するかを考えて話し合いの場に臨んだ。そして、担い手や生産活動の減少を前提とした将来の土地活用について、可能な範囲で労働を多く投入するような形がよいのか、スマート農林業といった技術的な解決を志向するのか、あるいは自然に戻すなど農林業の生産に振り向けない選択肢も含め、地域の人々に議論をしてもらった。

その際、「証拠やデータを提示されたうえで、住民の皆さんが主役と言われることは、負担」という声も聞かれた。そのような声と、土地問題の課題となっている先延ばしの傾向の両面を踏まえ、いかに合意形成を図るのかといった点について、熟議型のワークショップを実施し、人口や生産面積が縮退する局面での農林業と環境のバランスや土地利用のあり方について現場から考えることを模索した。このようなジレンマや課題は今後、日本の各地の様々なセクターや現場で起こりうると考えている。

より幅広い科学技術政策への援用

旧飯高町地域におけるプロジェクトの開始時に他の領域の研究者からいただいた宿題「農林業の分野を超えて、他の領域にも応用ないし援用できたりする知見は何か」に答えるべく、一つのエリアの経験を他のエリアで応用や援用ができるのか、農林業分野で議論したエビデンスやデジタル技術の活用が社会全般の科学技術政策のイノベーションにどのような影響をもたらすのかについて以下に述べる。

①他エリアへの応用可能性

筆者らが実施したプロジェクトで、様々な属性・世代の住民の参加を得て話し合いの場を設定できたのは、旧飯高町地域内の4地区ごとの協議会やリーダーの存在が大きかったが、地域内のネットワークやリーダーシップといった要素がプロジェクトの成果に関係してくるということにはエリアを問わず一定の普遍性がある。ただし、やや属人的ないし各地域固有の要素もあり、普遍的に表現すると、プロジェクトでは「早い段階で行政や地域と問題意識を共有しすり合わせる」、場の設定では「社会的資本、ネットワークの存在が重要」といった抽象的な記述となってしまう。

またデータの扱いや提示の仕方も、一定の普遍性を持つ。例えば、(a) どのような形でデータやエビデンスを地域における自分たちの課題と関連付けて提示すると、地域住民の納得感が得られるのか、(b) 研究者サイドは話し合いにどのように反応し、現状での知見をどのように提供するのがよいのか、(c) また加工した図や地図などがあれば、どのようなタイミングでそれを提示していくのが妥当か。こうした点は、プロジェクトでの経験を他エリアで応用できよう。

また、放棄地あるいは再生可能エネルギー用地に転換される土地に対し、人間の手間を省力化した形でデータを抽出し、どのように活用をしていくのか、という技術的な点についても、他エリアでも応用可能な試みを行った（高取千佳・謝知秋による８章、祖父江侑紀・森山雅雄による９章が該当する）。

技術論にとどまらず、どのような活用が可能か、いかにして既存のデータを入れ込んでいくのか、どのような人材が必要となるのか、といった点についても意見を交換した。大学や研究機関が持つ技術をどのようにすると、自治体や住民にとって解釈や議論がしやすい素材へと変えることができるのか、というプロセスとその試みは一定の普遍性があるものと期待している。

また、今後は衛星からのデータだけではなく、行政や科学のなかで蓄積されてきたデータを入れ込むテンプレートのようなものが構築されていくことによって、一つのプロジェクトでの経験が横に展開されていく可能性が増すのではないかと考えている。その際、技術論が独り歩きせず、行政や地域の担い手の人材育成、そして地域の議論の進め方といった点とも関係していくという視座が必要となる。

②社会全般の科学技術政策のイノベーション

意思決定に科学やデータといったエビデンスを活用しようという気運は様々な領域において高まっている。税収や人口が減少するなかで老朽化する人工インフラや交通システムの維持と整備、イノベーションを促進する領域の特定などが該当する。特に2020年から2022年頃までのパンデミックの際には、科学が何をどこまで示し、どのような価値判断を社会や政治に問いかけるのかが、時には行動や活動の制限を伴う決定に関わるため大きな関心を集めたことは記憶に新しい。一連のエビデンスに基づく政策の議論が多く報道され、略称EBPMも目や耳にする機会が増えた。

観光・自然保護の分野においてもデータの活用は促進されており、携帯電話を活用して登山者や観光客の移動あるいは生物の種や位置のデータを収集し、ビッグデータとして分析されつつある。一方で、農林業分野では、データの収集に手間と時間がかかる傾向があることに加え、すでに述べた通り、関連する土地利用の将来像に関する地域の合意や意思決定に向けて、どのようなデータをどのように活用するかが課題となっている。食糧生産であれ、環境などの公益性の高い機能であれ、少ない人数や資源のなかで担わねばならない今後は、省力化と有効なデータ活用が一段と求められるだろう。

今後、どのような形であれ、新しい社会変容が求められ、その適応が問われることとなりそうだ。今般であればデジタル技術の活用で豊かな暮らしと持続可能な環境・社会・経済の実現を目指す「デジタル田園都市国家構想」が話題となっているが、個別の技術や制度ではなく、我々が目指す社会というものの方向性について議論を深めていくべき岐路にあると言ってもよい。

そこで、目指すべき未来社会として提唱されているソサエティ5.0について、自分なりの考えを述べさせてもらう。ソサエティ5.0は、2016年に策定された「第5期科学技術基本計画」において、社会のプロセスを進化的に通信機器やソフトウェアの型のバージョンになぞらえ、狩猟社会をソサエティ1.0、農耕社会をソサエティ2.0、工業社会をソサエティ3.0、情報社会をソサエティ4.0とし、それに続く目指すべき未来社会として提起された。あたかも我々の社会全体がバージョンアップしていくかのようであるが、はたして社会はバージョンアップするものなのか。また、ソサエティ5.0は、サイバー（仮想）空間とフィジカル（現実）空間を融合させたシステムにより構築される人間中心の社会とされているが、デジタルとリアルで物理的な世界をつなげることが進歩なのか。実は、人の幸せを考えると、例えば「自ら手を動かし、工夫する」「土を触る」「ものを作る」という、狩猟、農耕における醍醐味は大事であり、それがソサエティ 1.0、2.0 という数字のなかで「より低次」とされてしまうリスクを懸念する。同時に、担い手の減少が続くなかで、農林漁業の課題が現場で先鋭化した形で問われている実感がある。

ただし、ソサエティ 5.0 に向けた動きの一つとして、現在、イノベーションという言葉が、単に商品や技術の開発といった製品や一つの企業の話だけではなく、社会全体のなかの価値を含めた変化へと意味合いが変わりつつある点は歓迎できる。

ソサエティ 5.0 の実現を目指す第 6 期基本計画の策定に先立ち、2020 年に 25 年ぶりに科学技術基本法の本格的な改正が行われた。その改正では、法律の名称を「科学技術・イノベーション基本法」と変更し、これまで科学技術の規定から除外されていた「人文・社会科学のみ」に関わるものを、同法の対象である「科学技術」の範囲に位置づけるとともに、「イノベーションの創出」を同法の対象に加えることを柱の一つに据えている。

改正の第一の柱として人文・社会科学が法の振興対象に加えられたことにより、「科学技術・イノベーション政策が、科学技術の振興のみならず、社会的価値を生み出す人文・社会科学の「知」と自然科学の「知」の融合による「総合知」により、人間や社会の総合的理解と課題解決に資する政策となったことを意味するもの」へと変わったとしている（内閣府 2021）。

第二の柱として「イノベーション創出」が法の対象に加えられた背景として、過去 25 年の間に「イノベーション創出」の含意が変わってきたという点も言及されている。つまり、「企業活動における商品開発や生産活動に直結した行為と捉えられがちだったイノベーションという概念は、今や、経済や社会の大きな変化を創出する幅広い主体による活動と捉えられ、新たな価値の創造と社会そのものの変革を見据えた「トランスフォーマティブ・イノベーション」という概念へと進化しつつある」（内閣府 2021）とある。

イノベーション創出によって、バージョンアップという単線的な進化ではなく、人口減少下で求められる社会変容がもたらされるものと期待する。それは、国・自治体間の「スケール間の調整」をしながら、同時に国・自治体などのトップダウン型の決定や決断の限界を踏まえつつ、各地域のなかの多様性を包摂していくようなプロセスとなろう。そのようなプロセスにおいて科学者に求められる役割は、地域の現状と課題の見える化を行いながら、構想や計画段階から地域に「寄り添う、伴走する」という姿勢で、時には人口の動向予測など厳しいと感じるデータも含めて科学的知見を提供し、提言することではないだろうか。

農林業の分野では、2018年に「森林経営管理法」が成立し、その財源の一つとしての森林環境税も創設された。2021年に「みどりの食料システム戦略」が策定され、政策的に転換期を迎えている。農地の分野でも人・農地プランの実質化、集落や地域での将来に向けた戦略図の策定などが進められている。さらに国土交通省により市町村管理構想・地域管理構想など様々なゾーニングや将来構想に関わる政策が打ち出された。一方で、「プラン、条例や法律がいくつか重複した土地でゾーニングが出てきて、一層複雑で書類の負担も大きい」といった声も聞かれる。農林漁業に加えて、再生可能エネルギーの分野、あるいは人が住み続けるという意味では様々な面が関係してくる。

そうした政策では、生産と環境保全の両立に向けて、人口減少を見据えた省力化の実装、環境配慮型の農林業の実践などが推進されているが、現場では、獣害とか住民の意見対立などかなり厳しい現実もある。であるからこそ、国土、みどりの食料システム戦略などマクロなスケールのロードマップと、各地域の課題に関する現場との対話が今後ますます重要となる。

筆者らが実施したプロジェクトは、先延ばしにされがちな土地利用について現場で考えていく際に、時間やスケールをずらした視点をもたらし、それによって合意形成につなげようという試みであった。加えて、これまで共有ないし意識されてこなかった事柄を明確化し、さまざまなスケールでひとまず地図に落とし込むという「見える化」の作業を続け、それによって行政と住民をつなごうとする試みでもあった。

その両者をつなぐ試みを軸とした本書は、2部構成となっている。第I部では“持続可能な合意形成のあり方とその方法”について解説する。1章では、森林管理の現状と林業における合意形成のあり方について述べる。2章では、農地に被害を及ぼす獣害についての対策と合意形成について、事例を

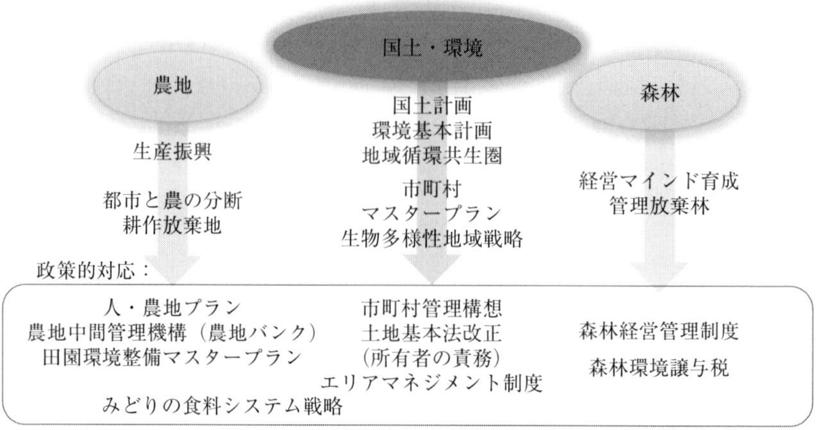

国土・環境

農地

森林

生産振興

都市と農の分断
耕作放棄地

国土計画
環境基本計画
地域循環共生圏

市町村
マスタープラン
生物多様性地域戦略

経営マインド育成
管理放棄林

政策的対応：

人・農地プラン
農地中間管理機構（農地バンク）
田園環境整備マスタープラン
みどりの食料システム戦略

市町村管理構想
土地基本法改正
（所有者の責務）
エリアマネジメント制度

森林経営管理制度
森林環境譲与税

図序-2　農林業をめぐる課題と政策的対応

紹介しながら解説する。3章では再生可能エネルギーの事例として風車を取り上げ、その視覚的な影響の評価手法と地域における合意形成について紹介する。また、4章では、別プロジェクトで木質バイオマスを使った再生可能エネルギーの利用に取り組んでいる事例を紹介しながら合意形成について論じている。5章では、これまでの章を踏まえ合意形成の難しさについて議論し、住民に未来の立場を想像しながら考えてもらう「フューチャー・デザイン」という方法の取り組みを紹介する。第Ⅰ部最後の章となる6章では、近年様々なデータが公開され、一般市民がサイエンスに参加しやすくなったことから、最近のオープンサイエンスの傾向、シチズンサイエンスの活用について解説し、合意形成への貢献可能性について述べる。

第Ⅱ部では“現在の農林地やそれを維持管理するための労働力の見える化”のプロセスについて紹介する。7章、8章では、人口などの統計データを活用し、旧飯高地域を対象とした人口動態と農林地の管理に必要とされる労働力を算出した結果について紹介する。また、その結果を踏まえ、流域における農地の管理状況と転用の実態についての解析結果をまとめるとともに、環境へ及ぼす影響について考察する。続く9章では、獣害対策の鍵となる耕作放棄地について、人手をかけずに自動的に推定する方法について、衛星画像を活用した技術的な手法を紹介しつつ説明する。

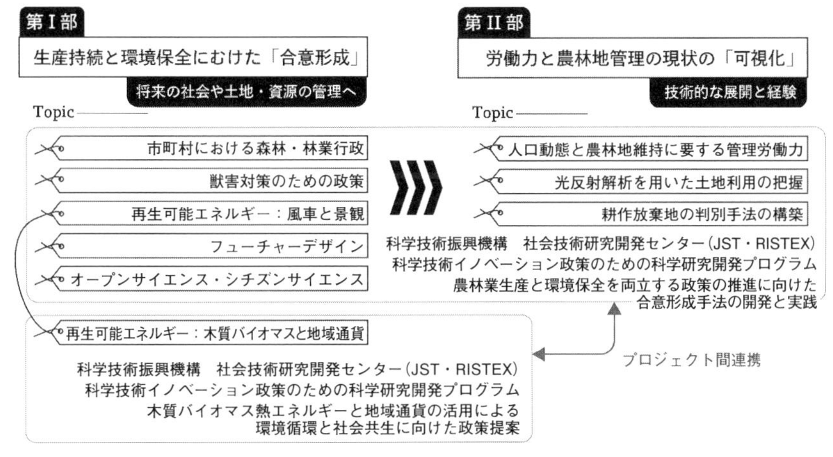

図序-3　本書の構成

本書は、小さな単位ではあったが、地域におけるイノベーション創出の契機となりうるプロジェクトを軸とした、模索の軌跡ともいえる。言い換えると、専門家と言われる科学者・研究者の集団が、時間や空間の視点をずらす工夫をしながら、地図やデータを提供しながら、地域の行政や住民と複数の物語を紡ごうとした試みでもある。

引用文献

飯國芳明・程明修・金泰坤・松本充郎編（2018）『土地所有権の空洞化――東アジアからの人口論的展望』ナカニシヤ出版。

金井利之（2018）「合意形成という問題」金井利之編著『縮減社会の合意形成――人口減少時代の空間制御と自治』第一法規、1-17。

香坂玲（2021）「科学技術・イノベーション政策と合意形成のための総合知――そもそも社会はバージョンアップするのか」水野勝之・土居拓務編『イノベーションの未来予想図――専門家 40 名が考察する 20 年後』創成社、65-72。

新保輝幸・松本充郎編（2012）『変容するコモンズ――フィールドと理論のはざまから』ナカニシヤ出版。

内閣府（2021）第 6 期科学技術・イノベーション基本計画 https://www8.cao.go.jp/cstp/kihonkeikaku/6honbun.pdf

吉原祥子（2017）『人口減少時代の土地問題――「所有者不明化」と相続、空き家、制度のゆくえ』中央公論新社。

＊　原稿の一部は、2021 年 8 月 22 日付日本農業新聞の記事から一部変更して使用してい

る（香坂玲寄稿：現場からの農村学教室「逆転の発想」で合意形成）。

同様に、2022 年発刊の『公明』195 巻 pp. 30–35 に寄稿した原稿についても一部変更して使用している（香坂玲［2022］多様性を包摂し社会の深化促す「総合知」）。

第Ⅰ部
生産持続と環境保全にむけた合意形成につなげる

第１章
市町村の森林・林業行政における合意形成

光田 靖

日本の森林において約40％を占める人工林の管理は重要な土地利用問題である。自然的立地条件に応じて森林の管理目的を配置する森林ゾーニングは、木材生産と生態系保全を両立する人工林管理を実現するための有効な手法である。森林ゾーニングの基本的な理論や手順は示されているが、その実行段階においては自動的に最適解が求まるような性格のものではなく、合意形成によって作り上げられるものである。近年の森林計測技術および情報処理技術の革新によって、森林ゾーニングを実践するために必要なデータの取得やモデル開発が容易になり、また森林ゾーニングを支援するシステムの開発も進んできた。行政において森林ゾーニングを担うのは市町村であることから、新たな技術を活用した森林ゾーニングにおける合意形成のあり方について検討した。

1　日本の人工林とその管理

日本の人工林の現状とその管理における問題点

日本における森林・林業行政における土地利用問題を考える場合、とくに林業に焦点を当てると、木材生産の中心である人工林管理が主要なテーマとなる。そこで、まず日本の人工林について現状とその成り立ちを確認し、今後の人工林管理における問題点を整理する。日本の森林面積は約2500万ヘクタールであり、森林率は約67%と非常に高い水準にある。北欧のフィンランド（約73%）やスウェーデン（約68%）と同程度であり、森林が多いイメージがあるブラジル（約59%）、カナダ（約39%）、アメリカ合衆国（約34%）やドイツ（約32%）と比較しても高い（FAO 2022）。日本の森林のうち約40%にあたる約1000万ヘクタールが人工林となっており、人工林率も世界的に見て高水準である。その人工林のほとんどが用材生産を目的として針葉樹造林樹種（スギ、ヒノキおよびカラマツなど）を単一樹種で同一時期に植栽したもの（単純同齢林と呼ぶ）である。人工林のうち最も割合の多いのがスギ人工林であり、次いでヒノキ人工林、カラマツ人工林となっており、それぞれ人工林面積の約44%、約25%および約10%を占める（林野庁 2022）。このように日本の人工林はほとんどが針葉樹の単純同齢林となっている。単純同齢林では植栽樹種が単一であり、一斉に植栽することから樹木サイズが均一になるため、森林の構造が単純化するという特徴がある。このような均質な林が森林の40%を占めているということは、生態系保全の観点から土地利用問題を考えるうえで注意が必要である。

日本の人工林は戦中・戦後の略奪的森林利用により荒廃した国土を回復し、森林資源を回復させるために、1950年頃から政策によって急速に造林されたものである（藤田 1997）。戦後の日本には荒れ地が多く、降雨による土砂災害が頻発し、甚大な被害をもたらしていた。しかし、荒廃地造林により植栽された造林木が成長するにつれて、土砂災害の頻度や被害の程度が下がったことが報告されている（Shinohara & Kume 2022）。この面では政策により急激に展開された人工造林は有効であったといえる。一方で、このような荒廃地造林に加えて、木材資源を回復する目的で天然林を針葉樹人工林へと転換する拡大造林政策が展開され、急速に日本全体および地域の生物多様性が低下する要因の一つとなった。戦後復興の木材需要に後押しされた拡大造林政策によって薪炭林として利用されてきた天然林だけでなく、奥地に残存していた人為的な影響の少なかった天然林までもが人工林へと転換された。その結果として、森林の約40%を占める約1000万ヘクタールの人工林が造成されたのである。このように政策により急激に広がった人工林は、膨大な面

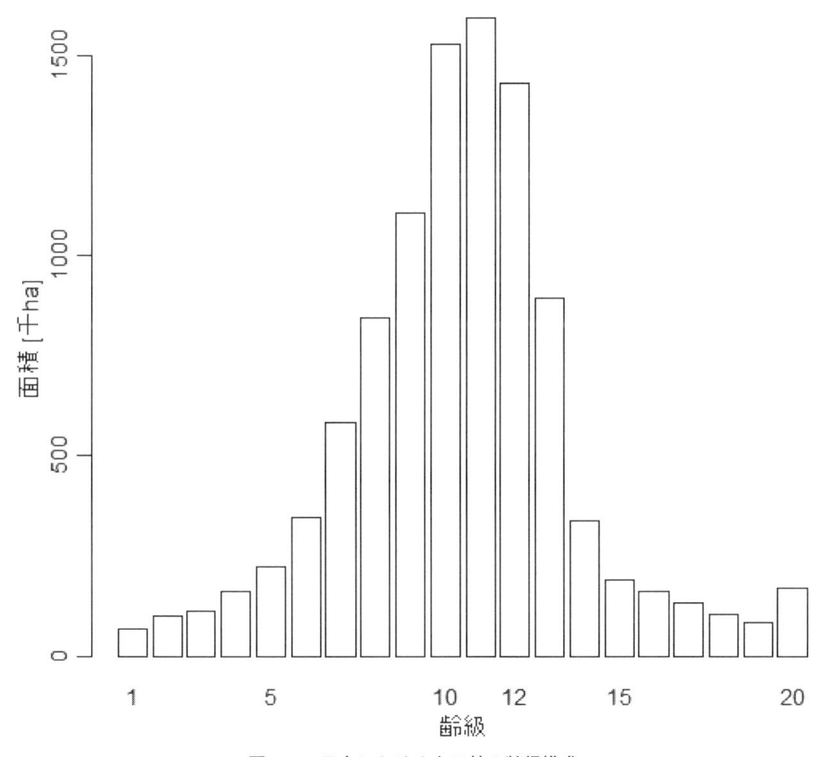

図 1–1　日本における人工林の齢級構成

齢級とは林齢を 5 年ごとにクラス分けしたものである。
森林・林業統計要覧 2020（林野庁 2020）より作成。

積を占めるものの、防災・減災のための緊急避難的な荒廃地造林や喫緊の課題としての木材資源回復を目的としたものであり、必ずしも全てが林業適地に造成されたものではない。このことは土地利用問題としての森林管理において、十分に考慮しなければならない。

このように日本の人工林は政策によって 1950 年代に急速に造成されてきたが、その後の経済成長により輸入外材によって木材需要を満たすことができるようになると、造林面積は急激に減少することとなった。その結果として、現在の人工林は 45 年生から 60 年生の面積が突出している歪な齢構成をしている（図 1–1）。これらの人工林、特に成長の早いスギ人工林は伐採が可能な林となっている。しかし、伐採時期を迎えたからといって無計画に皆伐

（全ての立木を伐採して収穫すること）を進めてしまうと、歪な齢構成をしているため、将来的に伐採可能な木材資源を失うこととなり持続的な木材生産を行うことができない。さらに、先述のように人工林の全てが林業適地に造成されているわけではないので、伐採後に再造林すべきなのか、そもそも皆伐してもよいのかという問題も重要である。無計画な伐採は経済的な持続可能性を損なうとともに、伐採跡地が増えることで戦後のような災害を誘発する土地利用（土地被覆）分布を再現してしまい、環境という観点からも持続性を損なう。将来的に気候変動の影響で降雨強度が高まることが予想されるなか、災害に対する脆弱性を著しく高めるような土地利用は避けなければならない。一方で、成熟した人工林資源を活用することは地域経済にとって重要であり、気候変動緩和策としての木材利用の面からも重要である。木材資源持続性の観点からは、人工林を皆伐した後には再造林して資源の循環を図ることが重要であるが、人工林は造林および初期の保育作業に多大な労力を要することから、人口減少社会の中でその労力が確保できるのかという不安要素もある。このように日本の人工林は伐採時期を迎えようとしているが、難しい土地利用問題に直面する時期を迎えているともいえる。

人工林管理に関しては、森林のもつ多面的な機能の観点から様々な問題点も指摘されている。単純同齢林がほとんどである日本の人工林においては、単一樹種を植栽しているため樹種の多様性は低くなり、さらに同一時期に植栽しているため樹木のサイズが均一になり、森林の構造も均一化する傾向にあることから、生物多様性が低くなる傾向になる。過去に造成されてきた人工林は、労働集約型の育成林業が前提となっているため、高密度で植栽し、除伐（生育不良な個体を取り除く作業）や間伐（本数を調整して生産目標とする木材を得られるように成長を促す作業）を繰り返して丁寧に育林することが求められる。しかし、先述のように経済成長により外材によって木材需要を賄うようになり、木材価格が下落したことで林業の経済的利点が低下したため、少なくない面積の人工林で育林作業が実施されず管理放棄されるようになった。そのような人工林では樹木の本数が高く維持されることになるため、暗い林になってしまい下層植生（林の地表面近くで繁茂する低木や草本植物）が発達しない。下層植生は植物種の多様性をもたらすだけでなく、様々な生物へ生息環境を提供することから、管理放棄された人工林は著しく生物多様性が低くなる。また、下層植生による地表面の保護がなければ、降雨によって土壌浸食が生じやすくなり、土壌保全機能や洪水緩和機能・渇水緩和機能にも負の影響を及ぼす。このように人工林管理を考えるには林の管理という視点は重要である。また、森林の多面的機能は林の発達段階とともに変化するため、先述のように同じような年齢の林が地域の大部分を占めるような場合には、地域全体として多面的機能が偏ってしまう可能性もあり、森林の時間的配置を考慮することも重要である（Yamaura et al. 2019）。人工林管理の問題点は様々あるが、本章では土地利用問題としての人工林管理、すなわち人工林の空間配置問題に集中する。

森林の多面的機能と森林管理

日本の人工林は森林の約40％を占めるが、必ずしも林業適地に造成されたものではなく、伐採時期を迎えるにあたってどこの人工林をどのように管理するのかをあらためて考える必要がある。森林には多面的機能があり、それは木材生産を目標として造成された人工林でも同様である。人工林は土砂災害防止機能や物質生産機能（木材生産）を期待して政策により広がってきた経緯があるが、近年では国民の森林に対するニーズも変化しており、地球環境保全機能（二酸化炭素吸収による気候変動緩和機能）や生物多様性保全機能も含めて考えたうえで管理することが求められる。特に物質生産機能を活用した木材生産を森林管理の中で実施するときには、樹木の伐採を伴うため様々な他の機能に悪影響を及ぼすことが予想されるので、十分に計画を練る必要がある。日本で一般的な単純同齢林の人工林を造成する場合、単一樹種を植栽し、育林段階でもそれ以外の樹木を排除するので、天然林と比較して生物多様性は低くならざるをえない。また、伐採後の時間経過とともに前生樹の根系が分解されるなかで、植栽木の根系が十分に発達していないという段階を経ることがあるが、その場合には一時的とはいえ土砂災害防止機能がかなり低下することが知られている。また、木材生産のための伐採には土壌の攪乱が伴い、雨水の土壌への浸透能が低下して、洪水緩和機能・渇水緩和

土地の共用
Land sharing

土地の節約
Land sparing

図 1-2　土地の共用と土地の節約

機能が低下する。このように木材生産のための物質生産機能を人工林に期待するとその他の機能が低下する危険性がある。このような一方を重視すると、もう一方に負の影響がでるような関係性をトレードオフ関係と呼ぶが、森林の多面的機能を考慮した森林管理においては、このトレードオフ関係をいかに整理するのかが重要である。

このように林業では生産活動とその他の多面的機能との間にトレードオフ関係が生じることから、林業生産と様々な多面的機能を向上させるための森林生態系保全を両立させることが求められる。このような生産活動と生態系保全を両立させるための土地管理手法として大きく二つの考え方がある（図1-2）。一つはある土地で様々な機能を同時に高める土地の共用（land sharing）という考え方で、もう一つはある機能に特化した区画を組み合わせることによって地域全体として様々な機能を高める土地の節約（land sparing）という考え方である（Fischer et al. 2014）。ここで土地の節約とは、生産性や労働効率が高い場所に限って生産活動を行うことで、地域全体としての生産量や収益性を確保しつつ、その他の機能を高める目的に特化した区画を広く確保するという手法で、生産に用いる土地を節約するという意味である。人工林において土地の共用を実践するには、対象とする人工林での収穫において皆伐ではなく択伐（伐採する樹木を部分的に選択して収穫する方法）を行うことで、林の構造を複雑化させてその他の機能も同時に高くするといった手法が考えられる。択伐することで一時的な裸地化を生じさせることがないため、土砂災害防止機能や洪水緩和機能・渇水緩和機能の低下を防ぐことができる。また、択伐後に次世代の樹木が更新すれば、単純同齢林から林の構造が複雑な異齢林へと誘導できるので、木材生産も含めた様々な機能を高水準で維持できるという利点もある。ただし、択伐作業は高い技術を要し、いかにして収益性を高くするのかが問題となる。また、北海道以外の日本においては木材生産に適した樹種の天然更新は難しく、植栽によって更新していく必要があると考えられる。日本においては天然林も含めて択伐によって持続的な木材生産と生態系保全を両立するような試みが少なく、技術的に確立されていないのが現状である。技術的には難しい点もあるが、択伐による土地の共用というアプローチは魅力的である。一方で、土地の節約という観点は、人工林管理を土地利用問題として捉えるときに有効である。樹木の成長が良くて作業コストが低く抑えられ、かつ土砂災害の発生危険性が低い場所で、皆伐および再造林による木材生産のための人工林管理を行う。それ以外の人工林では、間伐によってスギやヒノキなどの植栽木の密度を下げて、様々な樹種の更新を促して針広混交林化することで、林の構造を複雑化して様々な機能を高くする。このような針広混交林へ誘導した場所では将来的な木材生産は行わず、様々な森林の機能が高い状態を持続させる。このように労働集約的に効率よく木材生産を続ける人工林と生産から撤退して木材生産以外の機能を高く維持することを目的として生態系を保全するための混交林をバランスよく配置することで、地域全体として木材生産と生態系保全を両立することを目指すのが土地の節約のアプローチである。皆伐および人工再造林は技術的に確立されたものであり、近年では皆伐における生産性を向上させるための高性能林業機械が導入されたり、低コストで再造林するための技術が開発されたりしており、林業的な実行可能性の面から魅力的なアプローチである。なお、人工林を針広混交林や天然林へ誘導することは、爆発的に増加するシカによる食害の問題もあり、技術的に難しい面もある。先述のように、本章では人工林の空間配置問題に集中して論じるため、以降は土地の節約のアプローチに絞って具体的な方法論を紹介する。

2　木材生産と生態系保全の両立を目指す森林管理の実践

森林ゾーニングと生態学的立地区分

森林管理において土地の節約を実践する手法として代表的なものが森林ゾーニングである（日本学術会議・林学分科会 2023）。森林ゾーニングとは様々な観点から土地の立地特性を評価して、どの場所でどのような目的の森林管理が望ましいのかを立地明示的に配置していく手法である（光田 2020）。先の記述では木材生産とその他の機能とに二分して説明したが、森林ゾーニングにおいては土砂災害防止や洪水緩和機能・渇水緩和機能の向上、さらにはレクレーション利用など、様々な森林管理目的を配置していくことも含まれる。森林ゾーニングは基本的に土地の自然的立地条件を用いて実施されるが、この自然的立地条件を評価する手法が生態学的立地区分（Ecological Site Classification）である。

生態学的立地区分の考え方はイギリスで発展し、森林管理の実務においても用いられている（Ray 2001）。気象、地質および地形といった自然条件から、その場所の生態学的な特性を評価する。例えば、潜在的な自然植生はどのようなものであるか、ある造林樹種を植栽した場合に成長がどの程度のものであるか、雨水がどのくらい集まりやすいのか、どのくらい土砂が堆積しやすいのか、どのくらい土砂が流出しやすいのかといった点を評価する。生態学的立地区分は人為的に改変することが難しい自然的立地条件を用いて評価するため、その土地の様々な機能におけるポテンシャルを評価しているとみなすことができる。よって、生態学的立地区分はある場所がどのような森林管理目的に適しているのかを判断する材料となる。

生態学的立地区分の中で、木材生産機能のポテンシャルを評価する代表的な指標として地位指数が挙げられる。地位指数は対象樹種について、基準齢（日本では一般的に 40 年が用いられる）における上層木平均樹高として定義される。木材生産機能のポテンシャルとしては収穫される木材の量が適切であると考えられるが、これは間伐などの密度コントロールによって大きく変化するため、密度の効果を受けにくいとされる上層木平均樹高が用いられる。地位指数と地形との関係は長く研究されており、集水地形で土壌水分が豊富であると考えられる場所で地位指数が高く、南西向きの尾根地形で日射が厳しい場所で地位指数が低いといった研究成果が得られている（Mitsuda et al. 2007）。土砂災害防止機能のポテンシャルを評価するにあたっては、土砂災害が発生しやすい場所ほど注意が必要であるという意味で土砂災害の脆弱性を評価することもある。土砂災害は0次谷とよばれる谷地形の源頭部で生じやすく、その地形的特徴を抽出して土砂災害発生確率を推定した事例がある（Zhu et al. 2019）。このように地形は土壌水分量と関連が深く、自然攪乱体制（どのような頻度で、どのような強度の自然攪乱が生じるのか）とも関連が深いことから、どのような植物種がどのような場所で生態学的に好適な生育地（ニッチと呼ぶ）をもつのか地形によって評価することもできる。

これらのような生態学的立地区分による評価を総合的に勘案して、適切な森林管理目的を配置するのが森林ゾーニングである。例えば、木材生産という管理目的を配置するのであれば、対象とする造林樹種の成長が良好であり、かつ土砂災害の発生危険性が低い場所を抽出するのが合理的である。生物多様性保全・再生という管理目的を配置するのであれば、地域としての生物多様性を高めるために様々な植物種のニッチに分散させるように選べば合理的であるし、さらに木材生産に有利な場所を避けるようにすれば生物多様性保全と木材生産の両立の観点からより合理的である。既往の研究事例では、生態学的立地区分としてスギ人工林の成長ポテンシャル、台風襲来時における風害危険度、および潜在自然植生タイプを評価し、潜在自然植生タイプ別に成長ポテンシャルが高く、風害危険度が低い場所で木材生産を、逆に成長ポテンシャルが低く、風害危険度が高い場所で生物多様性保全・再生を管理目的として割り当てることによって、地域内での生物多様性を高め、効率的な林業生産を可能にする森林ゾーニング手法が示された（光田ほか 2013）。

このように自然立地条件の評価にもとづいて森林管理目的を割り振ることによって、合理的な判断を下すことができる。ただし、ここで注意が必要なのは自然立地条件の評価値がどのような値をとれば木材生産にとって有利であるのか、どのような値をとれば土砂災害の発生危険性が低いと判断できるのか、絶対的な判断基準があるわけではないということである。先述のように、木材生産を実行するとその他の多面的機能が低下するトレードオフ関係があるため、基準値の設定によっては木材生産を目的とする場所が広くなり、地域全体としてみたときに多面的機能を損なってしまう。仮にゾーニングの担当者が木材生産を重視するような社会的背景をもっていたとすると、このようなゾーニングとなってしまう危険性が高い。よって、ゾーニングを実施する際には、様々な社会的背景をもつ関係者を集めて合意形成を行うことが望ましい。

森林ゾーニングを実現するための技術的発展

適切な森林ゾーニングを行うためには、適切な生態学的立地区分を実施することが不可欠であり、また合意形成を行うためのゾーニングを手軽に実施して可視化できるツールがあることが望ましい。近年、森林計測技術や情報処理技術が目覚ましく発展し、適切な森林ゾーニングが実施できる環境が整ってきた。ここでは、土地利用問題に関する意思決定問題と捉えられる森林ゾーニングにおいて、新たな科学技術をいかに活用して科学的根拠にもとづく意思決定を実現できるのかを解説する。

森林ゾーニングのための生態学的立地区分を実施するためには、広域にわたって面的に自然立地条件を用いて森林の多面的機能に関わる指標を定量的に評価する必要がある。例えば、木材生産機能に関連する指標である地位指数を面的に評価するために、地形を表現する指標から地位指数を推定する統計モデルを開発し、そのモデルを外挿して地位指数分布図を作成する手法が用いられる。しかし、この手法を採用するためには、多点で現地調査を行って樹高を計測して調査地点の地位指数を推定する必要がある。また、地位指数と地形との関係を統計解析するうえで、地形を正確に表現できるようなデータが求められる。これらの要求に対して、近年一般化してきたレーザー計測技術を用いることで対応することができる。航空機やドローンからレーザーを照射して反射時間を計測することで、地物を含む地表面の計測を広域

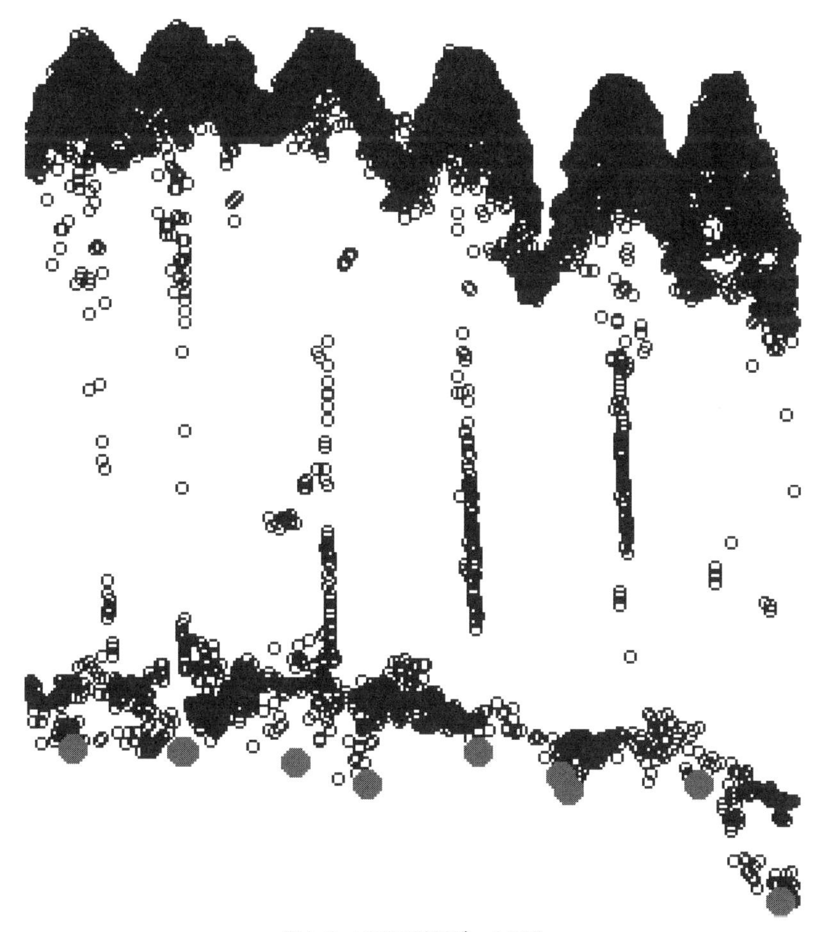

図1-3　LiDAR計測データの例

宮崎大学田野フィールドにおいて、DJI社製ドローンMatrice 300 RTKおよびレーザスキャナZenmuse L1によりスギ人工林で計測したデータの断面図。
灰色の点は地表面高のデータと認識された点。

で実施することが可能になった（Light Detection And Ranging, LiDAR計測）（図1-3）。森林域でのLiDAR計測データを上手く処理することで地面を計測したデータを抽出し、正確な地面の標高を計測できるようになった。また、樹木にあたって反射したデータを抽出すると、樹木の高さを含めた標高を計測することができ、両者の差分を計算して樹頂点を検出することで広範囲の樹高を計測できる。このようにしてLiDAR計測により広域にわたる地位指数の推定値と正確な地形データを得ることができるため、現地調査を行うことなく地位指数を推定する統計モデルを開発することが可能になった。さらに、LiDAR計測による広域の樹高データをビックデータとみなし、機械学習・深層学習を用いてより精度の高い地位指数推定を行っている事例もある（Nakao et al. 2022）。また、時系列のLiDARデータから生成される時系列の地表面高について差分を計算し、極端に地表面高が下がった場所を抽出することで、表層崩壊が発生した場所を見つけることができる。崩壊前の地形を調べることによって、どのような地形で表層崩壊が発生しやすいのかを面的に評価することが可能になった（Zhu et al. 2019）。このように新たな計測技術の発達により、地形を正確にとらえることができるようになり、生態学的立地区分を行うためのデータを容易に取得することが可能になった。

これまで森林ゾーニングを実施するには、生態学的立地区分の結果に対して森林管理目的に応じた閾値を設定し、独自にプログラムを開発して判別基準を適用して森林管理目的を割り当て、ゾーニング結果を図にして可視化してきた。しかし、実務として森林ゾーニングを行うには、生態学的立地区分を行うためのモデルを開発したり、閾値を適用して地図化するためのプログラムを開発したりすることは高い障壁となる。合意形成として森林ゾーニングを行うためには、簡単に閾値を変化させながら、図化して比較検討できることが望ましい。近年、森林管理において地理情報システム（Geographic Information System, GIS）の利用が浸透してきており、GISを用いた情報処理が一般化してきた。このような情報処理技術の発展を背景に、林野庁事業によってGIS上で森林ゾーニングを実施するためのツール「もりぞん」がオープンソースGISソフトウェアQGISのプラグインとして開発・公開されている。ここでは「もりぞん」における森林ゾーニングの考え方や合意形成のためのツールとしての工夫について説明する。「もりぞん」における森林ゾーニングは林業適地の抽出に特化している。そのため、自然立地条件を用いる生態学的立地区分の考え方に加えて、社会インフラの現況を立地評価に用いている。林業適地の抽出にあたっては、林業収益性と災害リスクという二つの軸から評価している（図1-4）。林業収益性の評価は地位指数、地利、

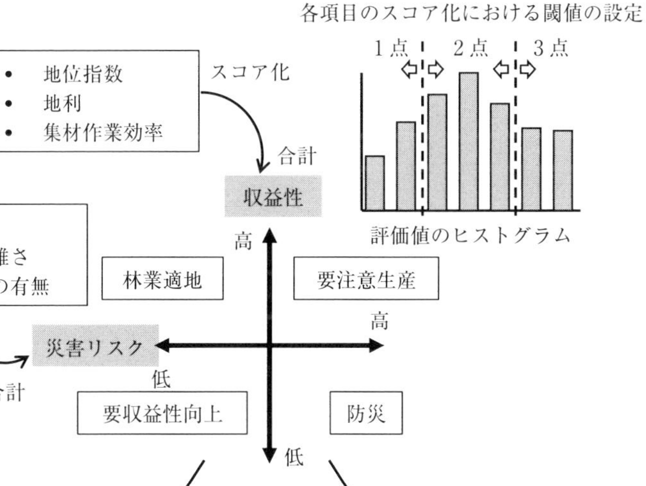

図 1-4 「もりぞん」におけるゾーニングの考え方

収益性および災害リスクの評価項目について、評価値に閾値を設定してスコア化する。閾値の設定によってゾーニング結果が変化するため、合意形成が必要になる。
収益性スコアおよび災害リスクスコアについて閾値を設定してゾーニングを決定する。閾値の設定に合意形成が必要になる。

および集材作業効率（伐倒した木材を運び出す作業の効率）を総合したものになっている。地位指数については、デフォルトで気象条件および地形を用いたモデルで推定したスギ、ヒノキおよびカラマツの地位指数が提供されている。ただし、このモデルは日本全国を対象として開発されたものであり、正確な地位指数を推定するものでないことに注意が必要である。地利とは林業分野で経済的立地条件を表す用語で、一般的な場合と同じく「もりぞん」では林道からの距離で評価される。林道からの距離が近い（＝地利が良い）と伐採した木材を運搬する効率が高くなり、収益性が高いと評価される。「もりぞん」において地利を評価するためには木材の運搬に用いる路網（一般道＋林道）のデータが必要であり、一般道のデータは国土地理院の基盤地図情報（道路縁）から無償で利用できる。林道のデータは整備する主体が地域によって様々であり、入手可能性は一様ではない。集材作業効率は傾斜と起伏量から評価され、傾斜が低いほど作業をしやすく、起伏量が低いほど木材を運び出しやすく集材作業効率が高いと評価される。「もりぞん」においては傾斜と起伏量は入力データであるDEM（Digital Elevation Model、数値標高モデル）から計算される。DEMについては、日本全国を抜けなく10-m解像度で整備されているが、もとになったデータは既往の地形図であるので正確性が高くない場合もある。一方で、LiDAR計測をもとにした5-m解像度のDEMも整備が進んでおり、かなりの範囲で利用可能な状況である。5-m解像度および10-m解像度のDEMも国土地理院の基盤地図情報から無償でダウンロードできる。また、「もりぞん」内部でDEMから計算される傾斜と起伏量から集材作業効率スコアを計算するためのスコア表は各自で準備する必要がある。収益性を評価するための3項目（地位指数、地利および集材作業効率）について、それぞれに閾値を設定して1点から3点でスコア化（高いほど収益性が高い）して、その合計点で収益性スコアとする。「もりぞん」において閾値を設定する際には、各項目について評価指標のヒストグラムが表示され、参照しながら設定を変更することができる。災害リスクの評価は傾斜、地形の複雑さ、および保全対象を含む流域を総合したものになっている。傾斜は集材作業効率と同様に入力データであるDEMから計算される。傾斜が高いほど斜面崩壊の危険性が高いと評価される。地形の複雑さはDEMから平面曲率を計算し、半径100mでその平面曲率の標準偏差を計算したもの（Standard deviation of Horizontal Curvature, SHC）である。SHCが高い場所は斜面崩壊の危険性が高いと評価される。保全対象の有無については、DEMを用いた流域解析を行って集水域を区画し、その区画内に保護すべき対象（民家などの建物）があるかどうかで評価される。保護すべき対象のデータとしては国土地理院・基盤地図情報において無償でダウンロードできる「建築物の外周線」データが利用できる。また、航空写真オルソなどを利用してユーザで新たな保全対象（例えば、太陽光パネルなど）を追加することが望ましい。災害リスクを評価する三つの項目のうち傾斜と地形の複雑さについては、それぞれに閾値を設定して１点から３点でスコア化（高いほどリスクが高い）し、保全対象の有無については保全対象があれば２点でなければ１点とスコア化して、その合計点で災害リスクスコアとする。以上のようにして、収益性および災害リスクスコアが評価されるが、次にそれぞれのスコアについて高評価とする閾値を決定する。その結果として、収益性が高くかつ災害リスクが低いと判定された場所は林業適地と評価され、収益性が低くかつ災害リスクが低いと判定された場所は収益性向上が必要な場所と評価され、収益性が高くかつ災害リスクが高いと判定された場所は災害リスクに注意して林業を実践すべき場所と評価され、収益性が低くかつ災害リスクが高いと判定された場所は防災のための森林管理を行うべき場所と評価される。このようにして「もりぞん」では主に林業の観点からゾーニングが行われるが、収益性および災害リスクスコアに対する閾値の設定および両スコアを算出するためにそれぞれの評価要素についてスコアを設定するための閾値の設定がユーザには求められる。先述のようにこれらの閾値設定には絶対的な正解はなく、試行錯誤しながらゾーニングマップを比較検討し、合意形成につなげることが求められる（図 1-4）。そのため、「もりぞん」では GIS 上での表示を工夫することによって、閾値の変更を即座にゾーニングマップへ反映できるようになっている。このように「もりぞん」は林業適地の抽出を主目的としたゾーニングについて、試行錯誤しながら合意形成を行うことを意識したツールとなっている。ただし、林業適地抽出が主目的であり、林業収益性と災害リスクのみを立地評価の対象としているため、洪水緩和機能・渇水緩和機能や生物多様性保全機能についてはゾーニングの中で考慮することができない。これらをゾーニングに組み込むためには、「もりぞん」により林業適地のゾーニングを行い、そのほかの機能に関する評価レイヤをオーバーレイして、不具合が生じていないかをチェックするという方法がある。例えば、ある希少生物の生息地が林業適地と多く重複する場合、林業適地の設定を再考するといった手順が考えられる。

3　市町村における森林管理において自治体が担う合意形成

市町村が実施するゾーニング

ここまで土地利用問題としての人工林管理に着目し、人工林における木材生産と生態系保全を両立するための森林管理手法としての森林ゾーニングについて理論を解説した。また、森林計測技術や情報処理技術の発展によって森林ゾーニングの可用性が高くなったことを説明した。さらに、適切な森林ゾーニングは様々な関係者の合意形成によって達成されることを確認した。そのうえで、ここでは森林・林業行政において実践される森林ゾーニングについて解説する。森林・林業行政の根幹をなす森林計画制度において、行政では国家、都道府県、そして市町村と階層的に森林計画を策定する。そのうち、市町村で策定する市町村森林整備計画においては、期待する森林の多面的機能に応じたゾーニングを実施することになっている。まず、木材機能維持増進森林と公益的機能維持増進森林を区分して、公益的機能維持増進森林の中で、水源涵養機能維持増進森林、山地災害防止機能／土壌保全機能維持増進森林、快適環境形成機能維持増進森林、および保健文化機能維持増進森林に区分する。ただし、市町村森林整備計画におけるゾーニングにおいては、ゾーニング区分の重複が許可されている。このゾーニングは市町村における森林配置のマスタープランとして位置づけられ、森林所有者や受託者が策定する具体的な森林管理の計画である森林経営計画においては、このゾーニングに従って管理方針を定めるように求められている。近年では、林業適地で皆伐後の再造林が実施されないことが問題視されたため、木材生産機能維持増進森林の中で、自然的・社会的立地条件から特に林業に適した立地を抽出し、「特に効率的な森林施業が可能な森林」としてゾーニングして、再造林を徹底するよう 2021 年に制度が改定された。また、森林ゾーニングとは趣旨が異なるが、2019 年から始まった森林経営管理制度では市町村が森林所有者に森林経営の意向を確認し、意向がない場合には市町村へ経営が委託されるが、市町村は委託された森林が林業に適した森林であるか、適さない森林であるかを判断して、林業事業体等へ再委託するか自ら管理するかを決めなければならない。この制度においても、市町村は林業適地判定というゾーニングを行う必要がある。

このように森林ゾーニングの主体となるのは市町村であるが、市町村には森林・林業行政に専任する職員がいない場合が多く、いる場合でも担当職員が専門知識を有する場合は限られているのが現状である（石崎ほか 2022）。また、市町村は森林経営計画の受付、伐採届の受理、森林経営管理制度の実行など森林・林業行政における民間との窓口として膨大な業務を抱えており、森林ゾーニングに労力を割く余力がない状態であると考えられる。実際に、森林ゾーニングを含む市町村森林整備計画の策定において、多くの市町村が都道府県から提示されたひな形を参照したという調査結果がある（鈴木ほか 2020）。このような背景をもとに森林ゾーニングや林業適地判定を支援するツールとして「もりぞん」が開発されたわけであるが、技術的にも労力的にも合意形成によって適切な森林ゾーニングを行い、木材生産と生態系保全を両立する人工林管理を実現するのが難しい市町村が少なくないかもしれない。

合意形成としてのゾーニングへ

実施体制の面では厳しい市町村が多いかもしれないが、森林計測技術や情報処理技術のイノベーションによって、技術的には森林ゾーニングの実行可能性が高くなった。ただし、森林ゾーニングは様々な関係者の合意形成によって完成するものである。林業関係者の要望のみを反映するようなゾーニングを行うと、地域内における森林の多面的機能が低下してしまう危険性がある。ゾーニングツールである「もりぞん」を使えば、もっともらしいゾーニングマップを作成することが可能であるので、ゾーニングに隠された意図が見逃されてしまう恐れがある。例えば、林業とかかわりの低い地域住民にとっては、土砂災害を防災・減災するような森林ゾーニングの要望が高いであろう。自然保護団体にとっては、貴重な動植物の保護区を確保するような森林ゾーニングの要望が高いであろう。「もりぞん」は合意形成のための森林ゾーニングツールと捉えることが妥当であり、「もりぞん」を使って様々な関係者の要望を反映しながらよりよいゾーニングを探索していくことが望まれる。

森林ゾーニングにおいては、自然的立地条件の評価のみによって森林の管理目的を割り振るのが基本であるが、合意形成のためには森林資源の現況をある程度は反映することも考えなければならないだろう。市町村森林整備計画のゾーニングにおいて、伐採時期に達した人工林があるので、そこを木材生産機能維持増進森林に指定するというようなゾーニングでは、真に多面的機能のバランスがとれる森林配置へ誘導することはできない。しかし、市町村が民間との直接的な窓口になっていることを考えれば、伐採時期を迎えて収穫を希望している森林所有者に対して、その森林は土砂災害防止機能維持増進森林に区分されたので皆伐は禁止するというのは難しい。現実的な森林ゾーニングを考えれば、理想的な目標として自然的立地条件の評価のみによるゾーニングについて合意形成を行い、森林現況を加味して中間的なゾーニング案を調整するといった方法を採用するのが妥当かもしれない。「もりぞん」はGISソフトのプラグインとして開発されているため、GISの簡単な操作によってゾーニングを修正することは可能である。

本章においては、市町村の森林・林業行政における合意形成に関して、森林ゾーニングを題材として取り上げた。森林ゾーニングは森林・林業行政において重要な土地利用問題であり、社会的なニーズも高まってきている。また、技術革新によって森林ゾーニングの実行可能性も高まった。現実的には森林ゾーニングにおいて合意形成を図る段階には達していないが、持続可能な社会を実現するためには科学的な判断にもとづいた合意形成の結果としてのゾーニングが不可欠であると考える。

引用文献

FAO（2020）Global Forest Resources Assessment 2020

Fischer, Joern et al.（2014）“Land sparing versus land sharing : moving forward,” *Conservation Letters*, 7（3）: 149–157.

Mitsuda, Yasushi et al.（2007）“Predicting the site index of sugi plantations from GIS-derived environmental factors in Miyazaki Prefecture,” *Journal of Forest Research*, 12（3）: 177–186.

Nakao, Katsuhiro et al.（2022）“Assessing the regional-scale distribution of height growth of Cryptomeria japonica stands using airborne LiDAR, forest GIS database and machine learning," *Forest Ecology and Management*, 506 : 119953.

Ray, Duncan（2001）Ecological Site Classification User's Guide

Shinohara, Yoshinori & Kume, Tomonori（2022）"Changes in the factors contributing to the reduction of landslide fatalities between 1945 and 2019 in Japan," *Science of the Total Environment*, 827 : 154392.

Yamaura, Yuichi et al.（2019）"A spatially-explicit empirical model for assessing conservation values of conifer plantations," *Forest Ecology and Management*, 444 : 393–404.

Zhu, A-Xing et al.（2019）"A similarity-based approach to sampling absence data for landslide susceptibility mapping using data-driven methods," *CATENA*, 183 : 104188.

石崎涼子ほか（2022）「市町村における森林行政担当職員の規模と専門性——市町村森林行政の業務実態に関するアンケート調査（2020年実施）結果より」『日本森林学会誌』104：9–14。

鈴木春彦ほか（2020）「市町村における森林行政の現状と今後の動向——全国市町村に対するアンケート調査から」『林業経済研究』66：51–60。

日本学術会議・林学分科会（2023）『持続可能な森林管理における現状と課題——市町村による森林管理と森林環境税の新たな役割』。

藤田佳久（1997）「どうしてできたか1千万ヘクタールの人工林」『森林科学』19：9–14。

光田靖（2020）「ゾーニングと目標林型」田中和博ほか編『森林計画学入門』朝倉書店、214–222。

光田靖ほか（2013）「モントリオール・プロセスの枠組みに対応した広域スケールにおける森林の再配置手法の検討」『景観生態学』18：123–137。

林野庁（2022）『森林・林業統計要覧 2022』。

第2章
獣害対策のための政策と合意形成
自助と共助を育てる公助の支援

山端直人

1　獣害と地域社会の問題

「住民は困っているんです。日本全国の問題だと思います！」ある時被害対策の住民向けの研修会で、とある住民が発した言葉である。ほかにも「何をやっても被害は減らない」とか、「市や県が本気になってもらわないと」といった言葉が次々に投げかけられた。筆者は当時、県の農業研究所で獣害対策の研究員の任に就いており、当日の講師役を担っていた。この言葉は、県職員である私や同席した市役所の担当者に向けて投げかけられた言葉である。

市の担当者も私も、住民の強い憤りの言葉に立ち往生し、その日の研修会は市や県が住民から獣害に困っている事実と、行政の手落ちを叱られる場となってしまった。

獣害が顕在化し始めた10〜20年前に比べ、種々の技術や対策の事例は増えてきたが、今でもこのような目に遭っている行政の担当者は多いのではないだろうか？

獣害はたしかに、被害に遭っている住民からすれば、自分たちは何も悪いことはしていないのに、大切に育てた農作物を野生動物に食われ、落胆し営農意欲も減退する。そして、その犯人である野生動物に強い憤りを感じ、このような環境に至ったのは近代の農林業政策等の責任であるという思いが高じた結果、その憤りの矛先は身近な市町村担当者や県等の行政担当者に向けられる。全国の市町村で、同じような光景が見られるのではないだろうか？

しかし、冒頭の住民の発言をよく読み直すと、この方は、「自分たちは獣害で困っている。だから、「行政が」「誰かが」何とかしてほしい」、と言っているのである。この発言には自分は何をするのか、自分たちは何をすべきかという意識が欠如している。本来は行政担当者も、「行政はこれをします。みなさんはこれを担ってください」と、しっかり獣害対策の役割分担を説明すべきだったのである。そして、これは獣害の問題に限らない。人口減少社会を迎えるこれからの日本で、防災や福祉など幅広い地域社会の問題を解決しながら地域を持続させるには、行政がすべき公助と、個人や地域社会で担うべき自助や共助の役割分担が不可欠である。獣害を解決可能な地域社会は、今後起こりうる様々な地域社会の問題を解決できる力を持ちうるだろう。

2　野生動物管理の中の獣害対策の位置づけ

野生動物の管理は図 2-1 に示すとおり、野生動物の生息地となる山林等を適切に管理する①「生息地管理」と、シカの密度やサル群の頭数や群れ数を適切に調整する②「個体数管理」、それと被害が発生する農地や集落などが適切にそれを防除する③「被害管理」の三つを柱とする（鷲谷ほか 2021）。

シカやイノシシについては種々の個体数推定方法や、サルであれば頭数カウントの方法等により、正しく頭数や密度を把握し、特定鳥獣管理計画（環境省 2023）等により、その地域や都道府県域の目標頭数、群れ数などの目標を設定する。そして、その獣種に適した捕獲方法により管理の目標を達成する。そのための種々の捕獲技術も選択肢は多く紹介されており（鷲谷ほか 2021）、サルについては環境省のガイドライン（環境省 2015）に示すような大型の檻による群れの全頭捕獲や部分捕獲、小型の檻や麻酔銃等による悪質個体の選択的な捕獲の技術を組み合わせることで管理を進めやすくなる。個体数管理と生息地管理と並行して、重要になるのが被害管理である。一般に言われる「獣害対策」とは被害管理のことを指すと考えて大きな間違いはな

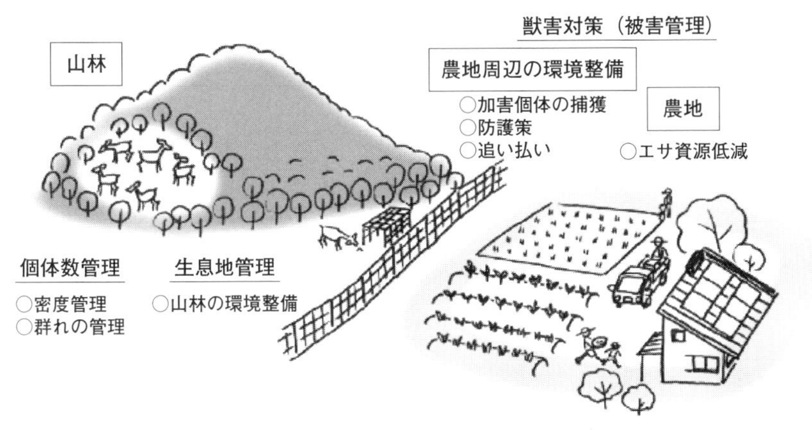

図 2-1　野生動物管理と獣害対策の概念図

い。獣害対策は農村とその農地を中心に、誘因するエサ資源となるものの低減と周辺の環境整備、侵入を防止する防護柵の技術、侵入する個体（以下、加害個体）の捕獲など、複合する技術や取り組みをあわせた総合的な技術体系のことである。

3　地域でみられる「獣害」五つの原因

近年、中山間地域を中心に獣害が深刻化しているが、それらの地域や農地には共通する管理や意識の問題がみられる。動物はその生存本能に従い、「安全で」「エサ」のある場所を探している。その二つの条件がそろうと、そこは動物にとって利用価値の高い場所となり、結果的に獣害は深刻化する。それらの原因を作ってしまっている人的な問題を五つに整理する。

1)　人が被害と思わない「エサ」がある

「ひこばえ」や収穫残渣など、住民にとっては「被害」と感じられなくても、動物にとっては立派な「エサ」となる物は非常に多い。管理者のいない放任のカキなどは今やクマの出没原因にもなっているが、一つの集落内に800 本もの放任のカキがあった集落も存在するほどである。収穫残渣の野菜くずなども、何カ所もの家庭菜園が同じことをすれば、集落全体ではかなりのエサ資源となる。これらは、無意識の「餌付け」になっており、獣害の温床となっている（図 2-2）。

2）「正しく」守れていない（囲えていない）

囲っているつもりでも、動物に効果のある囲いになっていない事例が非常に多い。電気柵の下段の高さがイノシシに効果を発揮する 20cm の高さになっていなかったり、下部に空間が空いて動物が侵入しやすい柵であったり、柵そのものの構造的な問題ではなく、その設置方法など人的な問題が多々ある。また、設置当初は効果があっても、適切な管理がなされないため次第に効果を失っていく柵など、その管理体制も問題である。これらはともに、技術の問題ではなく、その使用方法という人や地域社会の問題である。

3）隠れ場所がある

農地の周辺で動物が「安全」と感じるのが、耕作放棄地などの隠れ場所である。無論、耕作放棄地が増加することには、担い手不足などの深刻な問題があるのも事実であるが、放棄地や管理不足の林縁や藪などは、動物が姿を人にさらすことなく農地に近づける環境を提供していることになり、獣害の原因の一つになっている。

4）正しく追い払えていない（サル）

サルに限った問題であるが、サルが出没している地域で、「効果のある追い払い」ができている地域は少ない。多くは、個人がバラバラに、自分の農地だけを守るような追い払いになっている。①農作物を食べられた時だけ追い払う（ひこばえなどを食べている時は追い払いしない）、②追い払う人が限られている（多くの人が見て見ぬふりをしている）、③自分の農地だけ追い払いしている（それ以外だと追い払いしない）など、挙げれば切りがない

図 2-2　獣害の原因となる「エサ資源」の数々

が、これらは効果がない追い払いの典型である。これらの追い払いは、サルから見れば、①人は怖くない、②少し隠れていれば、最終的にはエサが食べられるという学習をし、追い払いや人に強いサルになってしまう危険性すらある。

5)　正しい捕獲ができていない

シカを中心に、個体数が増加している地域が多いことは事実であり、それらを捕獲することは非常に重要である。しかし、被害軽減のためには頭数を目標にするのではなく、被害軽減につながる捕獲が重要となる。つまり、イノシシやシカについては農地で食べることを学習した「加害個体」を捕獲することが重要である。防護柵でしっかり守り、それでも侵入してくる個体を捕獲することで、被害は軽減する。捕獲の効率を上げるためにも、防護柵と併用した捕獲が重要である。サルについては、加害個体を捕獲するのではなく、追い払いや防護柵などの被害対策とあわせ、群れ単位で管理の計画をたて、①多頭群を追い払いが可能な頭数まで削減する、②行き場のない群れを全頭捕獲する、③悪質な個体を選択的に捕獲するなど、群れ単位の管理が必要である。しかし、多くの地域で技術不足や防護柵で守ることなく檻を設置しているなどの原因から、1頭も捕獲できていない檻が大部分だったり、頭数や群れの誘導域を把握することなく散発的なサルの捕獲がなされていたりする。これらは、結果的には被害軽減につながらず、群れの分裂などの原因にもなり、問題解決をより複雑にする可能性がある。

4　獣害対策の5か条

以上の五つが獣害を発生させる、あるいは被害が減少しない要因であり、それを改善することが被害対策につながる。それをわかりやすく、医療にたとえた獣害対策の5か条とすると、以下のとおりである。

1）　イノシシ・シカ

①　予防　集落内の収穫残渣や不要果樹など「エサ場」をなくす。
②　予防　耕作放棄地や藪などの隠れ場所をなくす。
③　治療　囲える農地はネットや柵で「正しく」囲う。
（①～③は集落や農地を「安全」で「エサのある場所」と学習させない取り組みになる）
④　手術　加害している個体を適切に捕獲する。
⑤　手術　適正な密度管理を進める。

となり、①～④は地域が主体となって実践してこそ効果を発揮することと考えられる。逆に、⑤は行政が科学的な調査に基づき、政策として計画的に進めるべき取り組みである。

2)　サル

サルでは基本的な考え方はイノシシやシカと同様ではあるが、追い払いという被害対策や捕獲に対する考え方が若干異なる。

①　予防　集落内の収穫残渣や不要果樹など「エサ場」をなくす。

②　予防　耕作放棄地や藪などの隠れ場所をなくす。

③　治療　囲える畑はネットや柵で「正しく」囲う。

④　治療　組織的に追い払いする。

(①～④は集落や農地を「安全」で「エサのある場所」と学習させない取り組みになる)

⑤　手術　群れ単位に部分的な捕獲や全頭捕獲を行う。

イノシシ、シカと同様に①～④は地域主体で、⑤は特定鳥獣管理計画に基づき、行政が政策として計画的に実施すべき対策である。

これらを実践することで、獣害を解決できた実例を次節に紹介する。

5　被害対策の成功事例

1)　地域主体の被害対策と政策的な群れ管理の成功事例（サル）——三重県伊賀市と阿波地域

①地域主体の被害対策

三重県には約130群ものサル群が存在し、過去に被害金額全国1位になったことが2回あるほどサルによる農業被害が深刻だった。なかでも伊賀市は11ものサル群が存在し、農業被害だけでなく人家侵入や人身被害も発生するなど非常に深刻な状況だった。このような状況下で県と伊賀市では獣害に強い集落づくりを全域に呼びかけ、それに応じた阿波（あわ）地区（7集落からなる学校区）の下阿波（しもあわ）集落がまず、地域主体の追い払いを実践し始めた。

下阿波集落では獣害対策委員という委員会を作り、集落住民で組織的な追い払いを始めた。全戸に案内を送り委員だけでなく集落全体で協力してほしいことも周知し、①サルを見たら必ず、②集落の誰もが、③サルが出没した

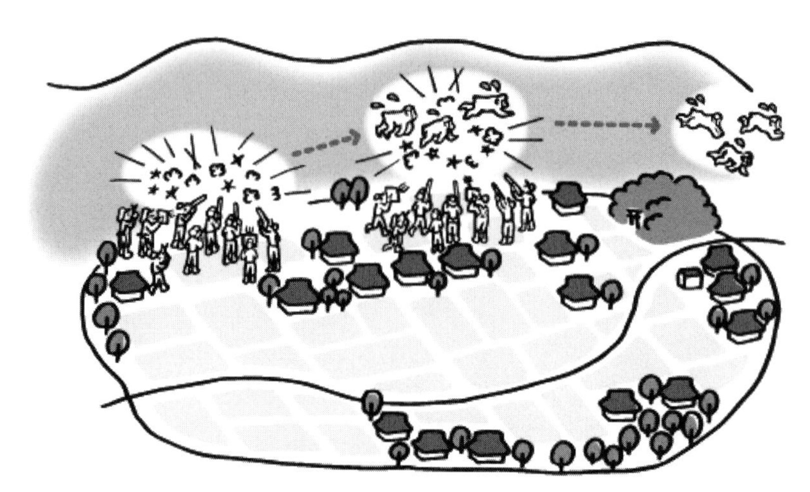

図 2-3　効果的な「組織的な追い払い」の行動様式

場所に集まり複数人で、④サルが集落から出ていくまで、⑤花火やパチンコなど複数の威嚇資材を使ってというルールで組織的な追い払いを開始した(図 2-3)。追い払いは山の中まで入って群れを追い払うチームと、集落の林縁部で終われたサルが集落内に入ってこないように備える守備チームの数班に分かれて行っている。その結果、集落に出没していた群れの遊動域が変化し、集落への出没頻度も大幅に低下し、下阿波集落の被害は 500 万円程度だったものが 8 分の 1 程度の 70 万円弱まで低下した（山端 2010）。

その後、隣接する子延（ねのび）集落では追い払いに加え、サルにも効果的な防護柵も導入した。兵庫県香美（かみ）町おじろ地区で考案された「おじろ用心棒」と呼ばれるこの防護柵（図 2-4）は、金属柵の上部をサルが登れないように支柱にも通電性を持たせた、「通電式支柱」で、隙間を作ったり飛び込める木や電柱がなければ侵入防止効果はとても高い（鈴木ほか 2013；山端・鈴木 2013)。

子延集落の周囲に設置してある全長 4km のシカ、イノシシ柵の上部に、おじろ用心棒の機能を付加させたことで、被害はシカ、サルをあわせて約 800 万円あったものが 80 万円弱と、10 分の 1 程度にまで低減した。

下阿波集落と子延集落が存在する伊賀市阿波地区は 7 集落からなる小学校区である。伊賀市は市町村合併を踏まえ 2008 年ごろから地域の実情に応じた地域づくりと行政支援の単位として、小学校区を基本的単位とした住民自

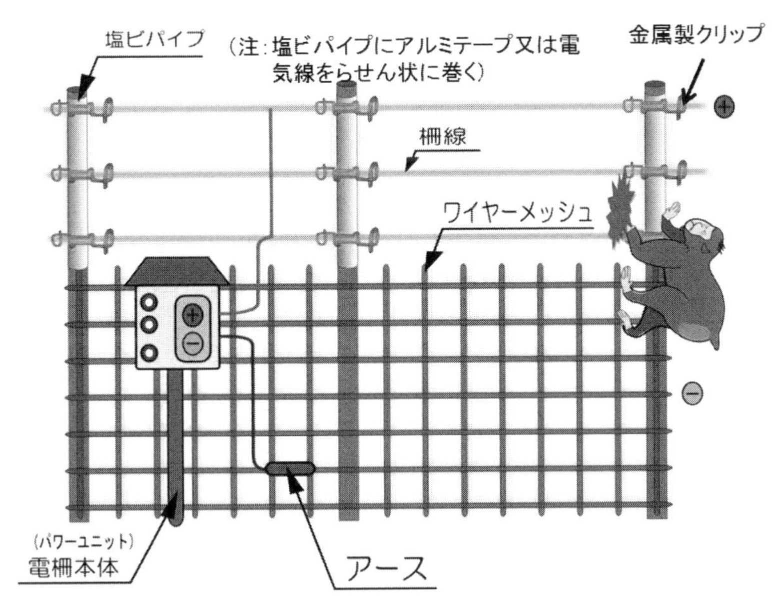

図 2-4　ニホンザルにも効果のある電気柵　おじろ用心棒

治協議会を設置しており、阿波地区住民自治協議会もその一つである。

下阿波集落、子延集落の獣害対策には、この住民自治協議会が重要な役割を果たした。阿波地区住民自治協議会の事務局長は、まず阿波地区全集落の区長や農家組合長を集めた獣害対策研修会を企画し、筆者や市担当者などを招いて各集落に主体的な被害対策を促すとともに、各集落の取り組みを相互に情報共有する仲介者の役割も担ってきた。2 集落の取り組みに他集落も追随することで、阿波地区では七つの集落全域に主体的な被害対策が広がることとなった。その結果、阿波地区に出没していた大山田 A 群という群れは、GPS や電波発信器を用いたラジオテレメトリー調査の結果、集落や農地に出没する割合が当初は 70% 以上だったものが 30% 以下に低下し、逆に森林の利用率が 30% 程度から 70% を超えるまでに変化した。これは群れの遊動域の全集落に被害対策が広がることでサルを山に押し返すことができる、すみ分けることができるという実例と言える。また、獣害対策には個々の集落が主体的に努力することが重要であるが、それを支える機能として行政機関だけでなく、住民自治協議会のような広域の住民組織の役割が重要になって

図 2-5　三重県伊賀市のサル群の遊動域、頭数、加害レベルと捕獲手法
（三重県伊賀市の地域実施計画に基づき筆者が作成）

くることを示唆する事例とも言える。

②政策的な「群れ単位の個体数管理」

被害対策が阿波地区の下阿波集落や子延集落で進展し、大山田A群では群れの遊動域が変化し集落への出没率が低下する一方、伊賀市には11群もの群れが存在し、なかには追い払いも困難なほどの多頭の群れや、追い払うべき山林がない群れも存在した。そして、これらの解決には被害対策と並行して群れの頭数管理も必要であることがわかってきた。また、追い払いに成功した大山田A群も2008年ごろは50頭程度だったものが2013年には80

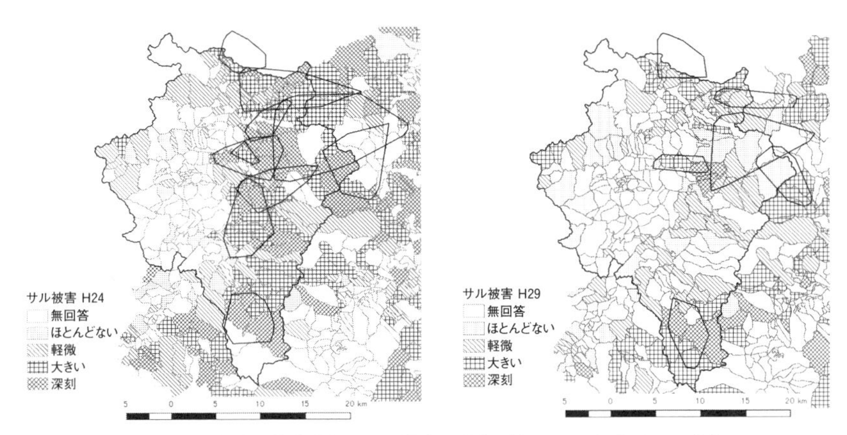

図 2-6　伊賀市の集落単位のサル被害の分布（左は H24 年右は H29 年）

頭前後と次第に頭数が増えてきており、いずれは追い払い等の被害対策も徐々に困難になってくることが懸念された。追い払いや防護柵など、被害対策の効果を維持するためにも群れの管理を進める必要が出てきた。

そこで、三重県と伊賀市が協議のうえ特定鳥獣管理計画の地域実施計画を策定し、サル群の頭数管理も開始することとなった。まず、①群れの頭数と遊動域、②群れを追い上げる山林などの空間の有無、③加害レベル、④遺伝情報、そして、⑤歴史的に群れが存在したか否かの文献や口伝などを調査し、それらの結果により 11 群を、①加害レベルが高く群れを追い上げる山林もないため全頭捕獲せざるをえない群れ、②頭数を減らし被害対策をあわせることで山に追い上げる群れ、③少数の悪質な個体のみを捕獲し被害対策をあわせることで加害レベルも低下しそうな群れ、④当面は被害対策のみでよい群れに分類した（図 2-5）。6 年近い年月を経て、① 11 群を 4 群まで減らし、②残す 4 群も追い払いが容易で群れの絶滅の可能性が少ないと考えられる、頭数 30 頭前後まで個体数を調整し、③地区や集落で追い払いや防護柵などの主体的な被害対策を継続するため、発信機装着や群れのテレメトリー調査を行うという管理が進んできた（山端ほか 2018）。2018 年の時点で伊賀市のサルによる農作物被害は農業共済ベースでピーク時の 95% 減にまで削減できており、被害発生集落の数も 3 分の 1 以下に低下している（図 2-6）。

住民からは「カキやクリが取れるようになった」「今度はトウモロコシを

作りたい」などの喜びや営農意欲が回復した旨の声が聞かれる。また、時々ではあるが「被害がなければサルもかわいいものだ」というようなサルの存在を許容する意見も耳にするようになってきた。

地域主体の被害対策と、計画的な個体数管理で獣害という課題が解決可能であり、成果が出れば住民の動物に対する感情も改善するという実例と言える（山端・飯場 2019）。

2）　地域主体の柵管理と加害個体捕獲の事例（シカ、イノシシ）——兵庫県相生市小河集落

兵庫県相生（あいおい）市小河（おうご）集落は20年近く前からイノシシ、シカの被害が発生しており、2002年ごろにワイヤーメッシュ柵（以下、WM柵）で集落全体を防御することになった。出会い作業で延べ80人程度が半年間の出役で集落全域を囲う総延長約7kmのWM柵を設置した。そのWM柵は設置以来20年以上が経過した今も継続して、集落全戸による年20回程度、水稲の栽培期間は月2回、それ以外は月1回の点検がなされている（図2-7）。点検は集落を4班に分け全戸が分担して行われる。潜り込みや破れ目など簡単な補修であれば点検時にその場で補修し、倒木や大きな破損などは後日、これも集落全戸の出役で補修する。集落の外周に設置する防護柵は集落の農地と森林の境界を最短距離で囲えることが長所である反面、柵の距離が長くなるほど道路や河川など囲えない部分が増えるため、結果的に動物に侵入される場所が多くなり効果が低下することが多いのが短所である。侵入箇所や破損部分をいかに発見し修繕できるかどうかが鍵になる。筆者はこの防護柵の点検に何度か同行した。険しいところでは手も使わねば登れないような場所にも柵は設置されており、これらを分担して全ルートの点検がなされているのを見て、やや感動を覚え「すごいですね。他の集落では、こんな管理なかなかできてないですよ」と、ある役員に話しかけた際、その方は「それじゃあ何も意味あれへん。やっぱり点検してこそシカもイノシシも防げてくる」という言葉を即座に返された。この集落の皆さんは自分たちで柵をしっかり設置し、それを管理すれば獣害は防げるということを身をもって経験しているからこそ

の発言であろう。そしてこのような集落から、冒頭のような「獣害がひどいから役所がなんとかしろ」という発言は出てこないだろう。獣害対策に成功している集落の方々からは、一様にこのような「しっかりと自分たちが対策すれば成果も出る」という発言を聞く。これは獣害に限らず他の政策にも通じることと思われる。

図 2-7　設置した WM 柵は地域で点検

このように、柵の設置と維持でかつては深刻だったイノシシ、シカの被害はかなり減少した。しかし、柵は破られていないのに集落内では被害が完全にはおさまらず、農地には足跡や掘り返しがたくさんあり、依然として大きな被害を被っている農地もかなりあるのが実情だった。このような課題を抱える集落は全国に無数にあるだろう。そこで筆者や住民でワークショップや現地点検を行い、集落の被害の原因を調査した。集落は柵でほぼ完全に囲えているが、南には開口部もあり、真ん中を河川が通っているのもわかる。河川や柵の周辺にセンサーカメラを設置してみると河川から多数のイノシシ、シカが進入する様子が撮影できた。これらの結果から「この柵をしていても入ってくるイノシシやシカを捕らないといけない」という機運が集落に芽生えてきた。

当時集落内には狩猟免許取得者がいなかったが、市役所からの勧めもあり集落内で協議の末、1名が狩猟免許を取得した。だが、この1名に捕獲をすべて任せるのではなく、場所の選定、餌付け作業、檻の設置や移設、見回りなど、捕獲に関する作業を集落で分担する体制が作られ、加害個体を集落住民で捕獲する活動が始まった。1年目は集落に箱罠が2基でイノシシ、シカをあわせても10頭の捕獲に留まった。2年目は13頭。箱罠の数も次第に増え、檻の設置場所も変えながら試行錯誤を繰り返し、3年目は檻が8基で合計38頭、4年目は40頭を捕獲している。兵庫県では、捕獲の指導技術を持つ人材が、地域主体の捕獲を志す集落の檻罠管理者に助言や指導をする事業を展開しており、小河集落はそのモデル事例でもある。この集落の捕獲が向

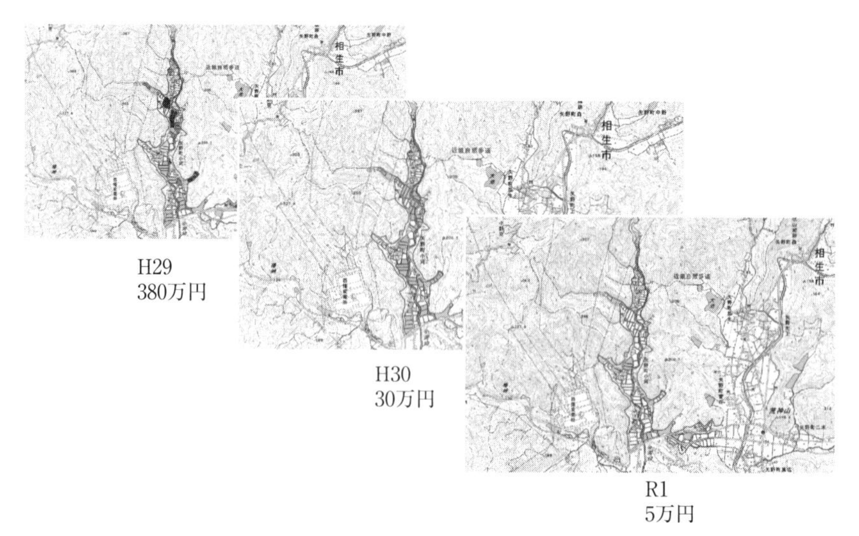

図 2-8　小河集落の被害の変化

上してきたことは、このような事業も活用しながら、小河集落の捕獲技術や体制が向上してきたことの現れでもある。その結果、集落内や河川を通るイノシシ、シカの数も減少し、被害調査の結果では、380 万円程度もあった被害が 2018 年度は 30 万円、2019 年度は 10 万円弱程度にまで低減している（図 2-8）。もちろん、被害が完全になくなったわけではない。いまだに唐突に被害に遭う水田もあるし、集落全体に柵をしながらも個々に電気柵やトタン板を張っている水田も存在する。しかし、完全ではないまでも農業共済の引き受け額はゼロになり、「住民が許容できる程度にまで確実に被害は減ってきている」と集落の役員たちは語る（山端ほか 2022）。

小河集落の成果は、被害が多発する集落でも、適切な柵の設置と加害個体の捕獲で被害は軽減可能であることを示すものであり、防護柵、捕獲双方に重要なのは地域主体でこれらに取り組める体制であることを感じさせる。

小河周辺では、この事例が波及し、同様に柵の維持と加害個体捕獲の活動を始める集落がいくつか出てきている。モデル集落とはこのような社会的な価値を持つものであり、このようなモデル集落が一つでも育てば、その市町村には大きな財産になるだろう。

6　技術やモデル事例を実践するために

1）獣害につよい集落の成立要因

前節では地域主体の「獣害につよい集落」の実例をあげた。どの集落も住民が主体的にその課題解決に取り組んでいる。ここであげたのは筆者自身がその支援や被害対策の過程に関わっている集落だが、このような事例は全国にたくさんあるだろう。どの集落も防御と捕獲、双方を自身の努力で実施している。決して捕獲が主体でも防護柵のみにこだわっているわけでもなく、双方の技術で自身が可能なことを自らの手で行っている。小河の事例は今までの防護柵の維持管理の努力の上に捕獲を加えたことの成果であり、決して捕獲のみが被害軽減の決め手だったわけではない。全ての集落でサルなら追い払いや効果的な防護柵設置、イノシシやシカなら地域主体の防御と捕獲など適切な防御と捕獲双方の取り組みがなされている。

このような集落は偶然生まれたわけではない。その成立には科学的に明らかにできる成立の要因が存在する。質的な研究手法により（山端 2022）その成立要因が分析されている（図2-9）。

まず、第一に防護柵や捕獲が目的ではなく、営農の維持や集落の改善など、皆が共有可能な「①獣害対策の上位目標が存在する」かどうか。次に、イノシシやシカであれば適切な防御と捕獲など、「②獣害対策のための適切な技術が導入されている」こと。例えば超音波であったり、忌避剤であったり、目先の風評に惑わされず、正しい技術が導入されていることである。そして、一部の役員や住民が一生懸命になっているだけでは、集落全体への効果は生まれない。それを「③全体が共有できる体制や活動が存在する」ことが大切だ。それらが揃うと、一部では被害が軽減してくる。一部の農地では被害が軽減したり、完全にではないが、被害が少しは軽減してきたりと、必ず小さな成果が出てくる。それらを「④成功体験」として認識することは、成果が出るまでに時間を要する獣害対策にとって、住民の求心力となりうる。そして、最後に重要なのは、こういった工程を住民だけで実践可能な集落は少な

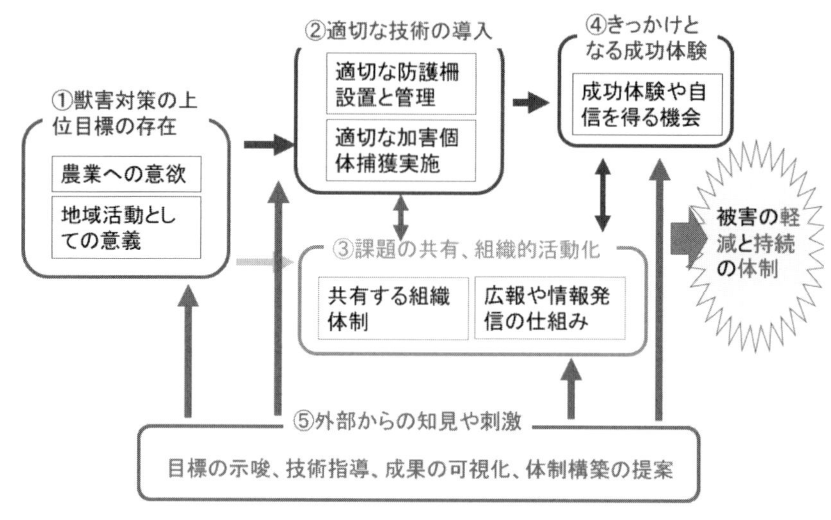

図 2-9　獣害につよい集落が成立するプロセス

く、公助等による「⑤適切な支援」が効果を生むということである。適切な技術指導はもちろん、情報共有の体制構築の提案や、被害の変化を可視化することなど、集落の①～④の不足する部分を見極め、それを補うための提案につなげるためには様々な支援方法が考えられる。例えば、集落の共有体制が不足している場合は「LINE グループを立ち上げませんか？」という提案、上位の目標が共有できていないような集落では、集落の獣害対策の結果検討会などの機会に「獣害対策を何のために頑張っていくのですか？」といったワークショップを開くなど、集落の課題にあわせた様々な支援が可能であろう。今回あげた集落にはそれぞれ形は違うものの、全ての工程が揃っている。今後、地域主体で獣害につよい集落づくりを目指す際に、これらの工程を意識した集落支援が効果を発揮すると思われる。

2)「地域主体の獣害対策」を進めるための合意形成手法

前項まで、被害対策の要点や県や市の役割、そして、地域が主体的に取り組むことで被害軽減が可能であるという実例を述べてきた。獣害対策では地域ですべきことは地域で、行政がすべきことは行政（市町村、都道府県）で実施する役割分担と連携、すなわち、市町村の対応が困難な場合にはより上位の都道府県や国が補完するという補完性原理が重要である。

そして、地域主体の獣害対策を広めていくためには、公助としてその手法やプロセスを示し、自発的な行動を促す社会教育の役割も重要となる。本項では地域に主体的に獣害対策に取り組むことを促す働きかけの手法の一例を示す。もちろん合意形成の手法は一つだけではなく（高田 2014）、必ずしもここに示す方法のみが正解ではない。筆者自身も常にこのとおりの手順で集落に接しているわけではない。合意形成や地域主体の獣害対策を促しやすいアプローチ方法の「一例」だと理解していただきたい。重要なのは地域の自助や共助を促すことであり、獣害対策の当事者になってもらうことである。段階的な支援のプロセスで「自分でもできることがある」「集落でならやれそうだ」と思ってもらうことが大切であって、アプローチは状況によって異なることもあるし、形式的なプロセスにこだわる必要はない。しかし、対象を「その気」にさせる、つまり行動変容を促すためには、勧める側のやる気だけや行き当りばったりの働きかけでは効果は少ない。「理解」→「納得」→「共感」への段階を踏むことが重要である（図 2-10）。これを獣害対策でできるようにする仕組みが次項から示すステップ 1〜9 である（図 2-11）。

3）ステップ「ゼロ」　関係機関の協議や共有

集落の合意形成を進める前にすべき重要なことがある。それは市町村、都道府県出先機関等、「関係者」で協議や情報共有を定期的に実施することである。防護柵の設置状況、被害の分布、密度の指標など、獣害対策に関する情報は行政に多数存在する。それらの情報をもとに、対象とする市町村や集落の獣害対策をどう進めるのか、関係者が共有する場を年に 1 回でも開催する（図 2-12）。集落に入る最初の段階をステップ 1 とするならば、これはその前の事前準備として、ステップ「ゼロ」である。獣害対策は防御や捕獲や社会教育など、様々な業務、政策の集合体である。獣害につよい集落づくり、地域主体の獣害対策の推進というのも、それらの政策の一つである。複数の

図 2-10　合意形成の目標は段階的に「共感」を得ていくこと

図 2-11　地域主体の獣害対策を進めるための支援のサイクル

行政担当者が関与することになる。例えば、集落の防護柵は鳥獣被害防止対策交付金で設置されることが多いだろう。しかし、その補修には多面的機能支払の予算を使用している集落が多い。捕獲の推進はまた担当者が別であることも多い。獣害対策の目的の一つに集落の営農推進があるが、当然その担当も異なることが多い。政策が異なれば行政の担当者も異なってくる。当初

図 2-12　関係機関によるステップゼロの会議（兵庫県）

は防護柵が最重要な課題でも、設置後はその補修が重要となり、その次は周辺での加害個体捕獲が、そして最終的には被害軽減後の農地の保全であったり、集落経営体の育成や地域計画（農林水産省 2022）の策定であったりと、支援のフェーズによって関係機関の役割も変化してくるだろう。その際、スムースな連携ができるよう、関係者が定期的に情報を共有することができるようにしておくことが重要だ。

4）ステップ１　役員等との事前面談

何事も戦略や根回しは必要だ。集落のキーパーソンが誰かわからないままでは合意形成は難しい。被害の様子や地形、役員の人柄の把握など、最低限の準備が必要である。集落の主だった人材、つまり集落の役員たちと面談し被害現場を一緒に見に行ってみる。筆者は「みなさんが一番困っている場所

図 2-13　集落役員との事前協議

に連れて行ってください」「集落の現場を一番知っているのはみなさんですから、私にそれを教えてください」と問うようにしており、公民館等の会議室で長時間話し合うことは避けている。会議や面談形式を最初に行うと、話し合いがいつの間にか、要望や苦情、不満を聞く場になりやすい。会議室などでの言葉のやり取りだけだと、どうしても窮状を訴える言葉が次第に苦情や非難に変わりやすい。それに対して、現場を歩きながら話すことで、獣害以外の話題にも触れやすく、話の流れをコントロールしやすくなる。また、一緒に適度に体を動かすことは心の距離を取り払うためにも有効だと思われる。この段階で役員が抱いている問題点や要望を把握し、現地を見た結果の大まかな対策の方向性などを役員に提案する。次の集落の全体研修の進め方や役員と講師陣の役割分担などを相談することで、集落の役員も提案者側に引き込まれる効果もある。ステップ1の要点は次のとおりである。

① 集落の区長や農家組合長など、意思決定者に集まってもらう。5~6名で十分。
② 被害の現状や対策の状況などを簡易な地図にしながら聞く。
③ その後、一緒に現場を見ながらできそうなことを相談する。
④ 次回の全体研修会の進め方等、今後の進め方を相談する。全体の研修会などでは役員に必ず司会や締めくくりの発言を分担してもらう。

図 2-14　事前の実踏調査で集落の課題を把握する

5）ステップ 2　事前踏査による課題の把握

役員と現地を見るだけでは、その集落の課題を理解するには少し時間が足らない。役員がたとえ「被害対策はちゃんとやっている」と言っていても、それを鵜呑みにするのは危険だ。ステップ 1 で聞いた被害が多い場所の原因が何なのか、後日関係者で実踏調査をしてみる（図 2-14）。すると、防護柵がしっかり補修されていなかったり、放置された藪であったり、いろいろな「原因」が見えてくるはずだ。原因がわかればもう迷うことはない。それを改善するための提案が定まってくる。自動撮影カメラなどを設置して、発見した被害の原因を住民にも納得できるように記録して見せることも有効な提案方法である（九鬼・武山 2014）。数回の実踏調査で集落の土地勘も得られてくるし被害の原因もわかってくる。何より重要なのは提案への「自信」が得られることである。そうなれば集落への提案も地に足がついたものになり、住民に受け入れられやすくなる。

また、そういう姿勢によって集落住民や役員の「信頼」も得られることだろう。こうやって提案者側と集落側の関係が構築されることが集落の支援には非常に重要である。その意味で、この事前の実踏調査による課題の把握のプロセスは、集落支援の全工程のなかでも最も重要な一つであり、ターニングポイントだと思われる。

6）ステップ3　アンケート調査や事前の被害MAP作成

被害の原因を把握し、またそれを自動撮影カメラなどで画像として残すことで課題解決のための提案はしやすくなる。しかし、もう少し集落全体でも課題を共有できるものがほしい。集落という集団の意識を変えて行動変容を促すには、やはりそれなりの手法が必要だろう。筆者は獣害対策を進めるための重要なポイントがここにあると思う。獣害対策には行政がすべき公の政策と、住民が主体的に進めるべき取り組みがある。無論、双方が重要なのだが、この場面で課題となるのは後者の地域住民が主体的に取り組むべき対策のほうである。筆者が工夫しているのは、研修会等の前にアンケートを取って簡単に集落の意向を分析したり、役員にヒアリングやインタビューをして、集落の被害地図を作成したりする、事前の状況の把握と共有である。

簡単なアンケートで被害対策の実施状況や柵の点検頻度など、問題点と思われるものを数値化することは、客観的な集落の現状を共有するのに役立つ。また、客観的な状況整理のために勧めたいのは被害MAPの作成である。「集落の獣害や農業に詳しい集落の人」4～5名程度を集め、地図を見ながら集落の状況を聞き取っていく。ステップ1の役員会がその機会として使える。農地ごとの被害の程度、被害対象の作物、獣害が原因で不作付けの農地、防護柵の位置（金網、フェンス、電気柵、その他などと分類）、罠や檻の位置、掘り返しなどの被害場所、などを聞きながら地図に記録し、それをGISで可視化する（図2–15）。

近年はQGISというフリーのGISソフトが普及している（QGIS 2023）。Googleマップや国土地理院の地図も使用でき、農水省からは農地の筆データなども公開されている。これらを使用すれば、無料で集落の状況を可視化した地図が作成できる。地図を見れば自然に現場がどうなっているか気になってくるはずだ。「柵をしていても被害がこんなにあるのなら、この柵や周辺に何か原因があるのではないだろうか？」という気持ちになってきたら、それは納得への第一歩だろう。気になる場所を中心に、現地を皆で点検してみるという次のステップに移りやすくなる。データ化するということは、多くの人がそれを共有することを可能にする。これらはあくまでも「手段」で

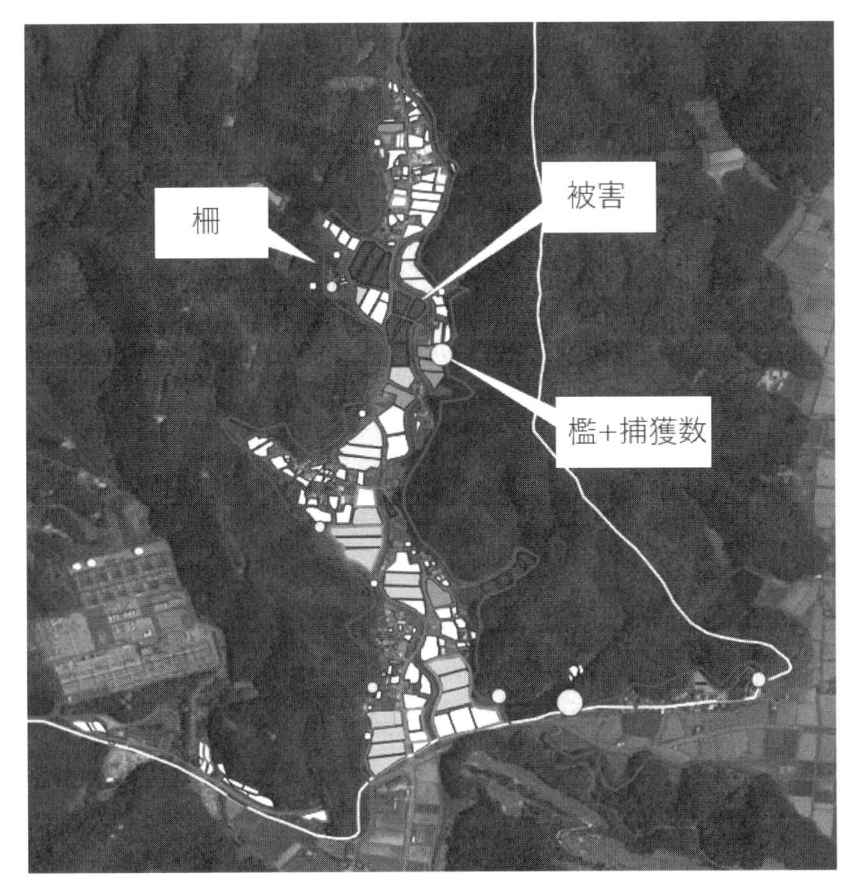

図2-15　被害や対策を地図にすることで可視化して共有

あり、目的は一部の人ではなくできるだけ多くの人に集落の獣害に関心を持ってもらい、その原因や対策を「理解」し「納得」してもらうことである。

7）ステップ4　全体の研修会や座談会

前項までは集落の役員等の一部住民を対象としている。獣害対策の基本的なことを集落全体に共有することは不可欠であり、住民研修会等はそのためのステップである。ある程度の知識があれば60分程度の獣害対策の基礎的な研修や講座は誰にでも可能である。今は教材もひととおり揃っている（例えば江口 2015、2017、農林水産省 2022 は総合的に獣害対策を紹介している）。残る重要なものは語りかける側の姿勢だろう。事前の役員との打ち合わせや現地の確認はこの時役に立つ。研修会の教材は借りてきた教材やビデオ（農文協 2018）でも、事前にその講師が自分の足で歩いて見てきた集落の様子を見せることで、その内容は講師独自のものになる。その集落を事前に歩き、その写真などを見せ、集落の問題の場所を可視化し共有することは効果的な導入となる。研修会は単に知識をひけらかす場ではない。住民に対し対策の「提案」をし、理解→納得を生み出す導入の場である。イノシシやシカ、サルの生態の話はそのあとでよい。被害に遭っている住民の多くは、動物の生態を学習したいのではなく被害をどうしたら改善できるのか、被害の軽減方法が知りたいのだ。そのあとに基本的な加害獣（シカ、イノシシ、サル）の生態や行動特性を説明することも必要だが、長々と教科書に載っているような動物の生態的な知識は不要である。必要なのは被害対策に役立つ特徴である。例えば、サルであれば大きな遊動域を持ち、安全でエサのある場所を探し移動しながら暮らしていること、つまり、安全でエサがある場所でなければ、その集落を群れ自体が利用しなくなる、という知識や、イノシシの持ちあげる力が 70kg 程度はあり、鼻の高さが地上から 20cm 程度であること、つまり、金網や WM の下部の強度が必要であることや、電気柵の設置高は 20cm 程度で隙間を空けてはいけないことなど、提案する対策の根拠となる生態と、それに対する具体的な被害対策の技術を説明することが、多くの住民に関心を持って聞いてもらいやすい研修会や座談会のポイントだろう。

8）ステップ 5　住民による集落の現地点検（集落環境点検）

ここまでのプロセスを踏まえて集落の現地を実際に見てみると、参加者の意識もさらに高まり、多様な意見も出てきやすい。事前の聞き取りやアンケートをもとに作成した集落の被害状況マップを手に、4〜5 名一組で被害の原因となっている現場を見てみる（図 2–16）。事前の実踏調査などで、すでに土地勘や課題を把握できているから、住民に見せるべき場所も掴めてい

図 2-16　住民による集落の現地点検（集落環境点検）

る。そこを案内し、住民自らの足で現地を歩き、自ら写真を撮り記録してもらうことが重要だ。行政機関等の関係者が調査を全部やってしまってはせっかくの集落点検の意味がない。住民による集落環境点検はきれいな調査結果が欲しいのではなく、あくまで住民の方々に「自分の意見」として獣害対策に関心を持ち、当事者になってもらうのが目的である。住民の１人でも多くの方に当事者になってもらうため、可能な限り参加者に自身で記録や意見のメモを取ってもらう。「こんな隙間作ってたら、そりゃあイノシシも入ってくるわなぁ」。現場を見た住民自身の言葉に解決方法が見えてくる。これを上手くくみ取って解決方法を提案していけば、きっと住民の納得は広がり「地域主体の獣害対策」は進み始める。

9）ステップ６　問題点や課題整理のためのワークショップ

集落点検を経て出てきた気づきや意見をもとに実際の行動に移していくには、出てきた意見を確認し今後の方向を合意、共有する工程が欲しい。皆が自分の意見を出し、理解し納得する工程である。また、誰かからの押し付けではなく、「自分の意志で実行した」と思ってもらえるようにするためにも、この工程が重要だ。集落を点検してきた班ごとに地図に写真も張りながら、気づいたメモなどを書き込んでいく。司会や進行役に市や県等の関係者が入る。手書きのメモも加えた集落のオリジナル被害地図が出来上がる。

次は、その地図やメモをもとに、課題や解決方法を整理する工程だ。ここ

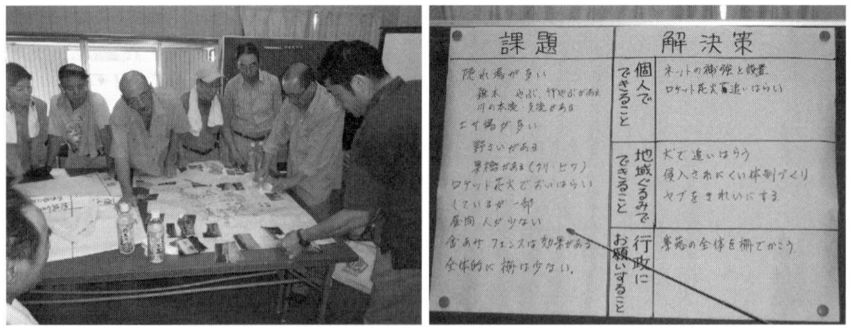

図 2-17　住民によるワークショップ

が重要である。地図づくりなどの時間がない場合でも、これだけは省かないことをお勧めする。大きめの模造紙やホワイトボードに表を作り、左側に「集落の課題」を書いていく。今日現地点検で気が付いたこと、日ごろ感じている獣害の問題など事前のアンケートや研修会も含め、気がついた課題は多数あるはずだ。それが終わったら、右側に「個人でできること」「集落ならできること」「行政に頼むこと」という三つの分類で、課題の解決方法の意見を出していく。課題出しも解決方法の意見出しも、直接書くと整理が難しいので、最初は大きめの付箋を準備して、それぞれが張りながら意見を出し、同一の意見は重ねて整理し、最後に整理して清書するとスムーズに進めることができる（図 2-17）。

これも皆が自分の意見を出すための工程である。きれいな地図や表を作成することが目的ではない。ワークショップは役所の押し付けや誰か声の大きい者に引っ張られるのではなく、集落で「民主的に物事を決める」ための工程である（堀・加藤 2008）。住民が自ら出した意見であれば、集落に主体的に対策を進めてもらいやすい。それを行政が支援することで次の提案が生まれてくる。行政担当者は集落から出てきた意向や要望を踏まえ、支援できることは支援する。補助事業などで支援できることもあるだろう。また、住民から出てきた意見だからといって、全てが妥当なものであるとも限らない。科学的に有効でないことや技術的にも不可能と思えるようなことはそれをしっかりと正す姿勢も必要である。ワークショップは住民と行政も真剣に意見を交わしながら、地域と行政が協働で対策に取り組める場づくりであり、

「納得」を作る工程である。これらの運営が「公助」の出番でもある。不慣れなら1人ではなく、2〜3人のチーム体制で臨んでみよう。こういう時、ステップゼロの行程で関係機関の連携を作っておくと、市町村、県事務所などの担当者が連携してワークショップを運営することができるようになる。

10）ステップ7〜8　被害対策の実施

これまでの工程で出てきた提案や意見に基づき、具体的な被害対策を地域で実施する。イノシシやシカなら防護柵の設置、柵の修繕、加害個体の捕獲、サルなら追い払い、多獣種防護柵が対策の柱となるはずである。基本的な被害対策は前述のとおりである。これらは何らかの補助事業の対象にもしやすいはずだ。市や県の担当者がワークショップの進行を担当しているのであれば、事業導入に関しても話は早いだろう。しかし、重要なことは適切な事業を導入することであって、予算消化ではない。あくまでも集落で被害を減らすために必要なことをすべきであり、そのために補助事業が使えるならば使う。事業のメニューに載っているからといって、目的に添わない事業導入はしてはならない。当然のことに感じるが、これができていない例が非常に多い。設置の設計や管理体制が明確でないまま防護柵を設置する（本田 2007）、防護柵が不備な集落で罠の補助だけ行う（山端 2019①）、管理できる人がいないのにICT捕獲システムを導入する（山端 2019②）、など失敗の事例はたくさんある。補助事業の「メニュー表」だけを読んでいて、現場を見ていないとこういう失敗を繰り返しがちである。そうならないための手段がステップ1〜5までの工程である。そのあとも、事業を導入して終了ではない。檻ならば定期的な捕獲の研修、防護柵であれば管理状況の確認や補修の現地研修、サルの追い払いであれば、現場での追い払い方法の研修など、計画した獣害対策が適切に実行できるよう研修や助言などの支援を定期的に実施する。本章で紹介したいくつかの事例もこういう段階を踏むことで被害を軽減させることができたのである。

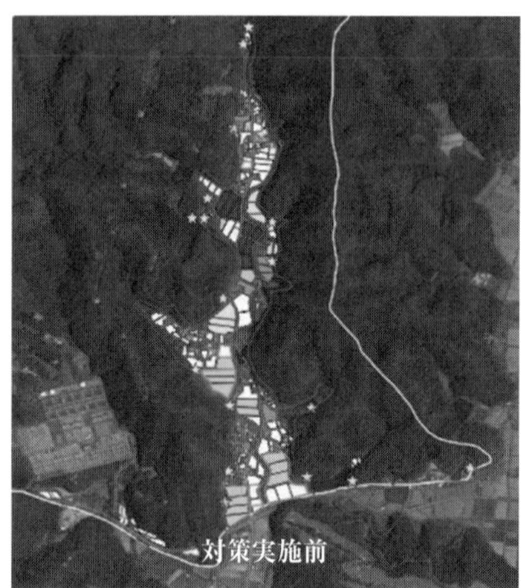

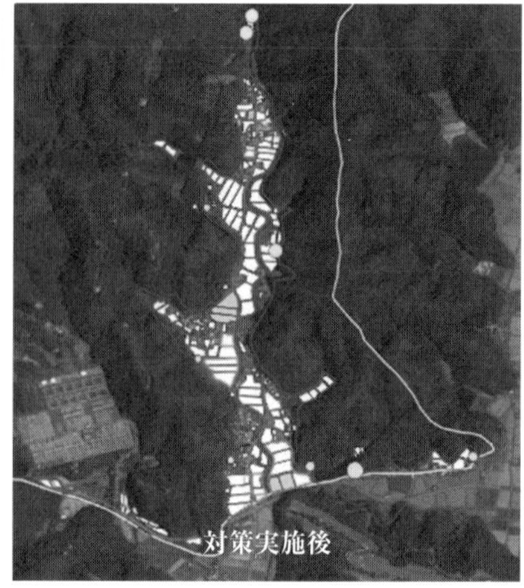

図 2-18　成果が出ているかどうかを「評価」する

11）ステップ９　効果検証と課題の整理そしてステップ１や２へ

ステップ７では何らかの対策を行った。すぐにその効果が発揮され、１年で獣害が解消されることもあるだろう。しかし、現実にはそうはいかないことが多い。すぐに獣害が改善できることは実際には少ないだろう。短期間で全ての獣害を解消するのは困難であり、被害が軽減できた場所とそうではなかった場所など、結果に差が出る場合も多い。また、少しは効果が出ても、継続しないとすぐにもとの状態に戻ってしまうだろう。物事は始めることよりも改善や継続を続けるほうが数倍難しい。何らかの被害対策を実施し、ステップ３、ステップ４の手法で効果を検証（図 2-18）する。効果が出たことと課題を共有するこのステップはとても重要である。「前回はこんな被害状況でした。今年はどうでしたか？」という問いかけで地図を使って被害の変化を確認する。被害が減っていれば「この辺りはだいぶ減ったかもなあ。以前の半分くらいかもしれんなあ」などの声も出てくるだろう。「あんまり減ってないなあ」「やっても効果ないなあ」などの否定的な意見も多々出てくるに違いない。しかし、こういう時に、次の改善や提案ができなければ取り組みはそれで終わってしまう。少しでも効果が出てきた芽を大事に育てる、

図 2–19　効果と課題の検討のワークショップの様子

あるいは成果が出なかった原因を把握して改善を提案していくことが重要だ。「檻を置くんだったら、こっちに置いたほうがいいのでは？」「もっと（柵の）見回りしたほうがいいなあ」などの原因に対する改善への気づきの声なども必ず聞こえてくる。こういう意見を共有するために、再度ステップ 5 の課題整理表を使用したワークショップも併用する（図 2–19）。

自然に、今年の反省点と次年度への改善案がまとまってくる。行政で支援可能なものを整理して次年度の提案と計画をまとめる。その後もこれを繰り返してゆく。こうやって地域の課題を改善していく働きかけがアクションリサーチ（図 2–20、岡本 2016）である[1]。そして、こういった解決方法が有効な課題は獣害に限らない。だからこそ、課題に対する対策の効果を評価し、改善を図って再度提案していく手法を身につけると、様々な地域課題に対応していくスキルが身につく。これを、真剣に 3 年続けてみよう。きっと対象集落の獣害は当初より改善してきているはずだ。少なくとも、「役所は何もしてくれない」とは言われなくなっているだろう。

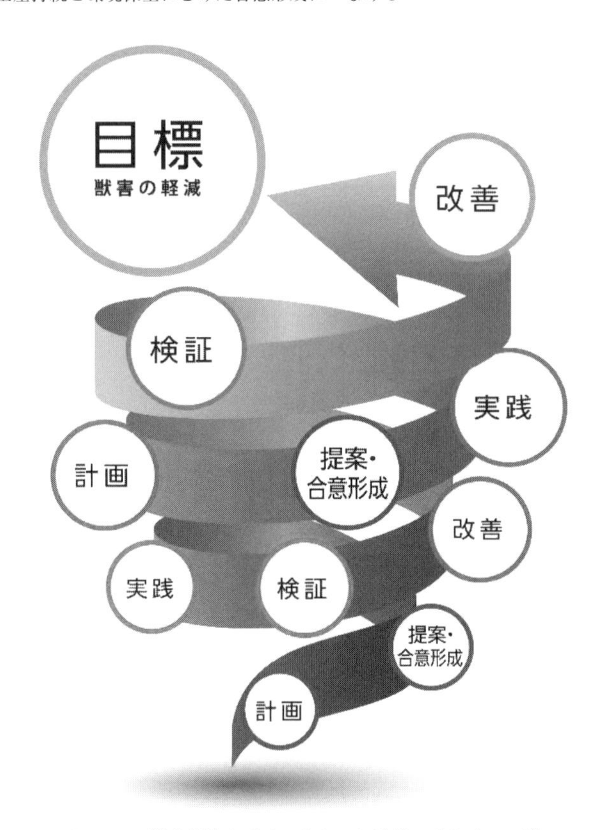

図 2-20　獣害対策おけるアクションリサーチのイメージ

7　鳥獣害対策のグランドデザイン

獣害対策は近年、急速に社会問題と化してきた、いわば古くて新しい社会の課題である。そのため行政側もこの問題に十分に対応できる体制が確立されていない。また、法的にも業務分担的にも、野生動物管理と被害防除は別の系統の業務になっていることも多く、行政と住民の役割分担の考え方も浸透しているとは言い難い。しかし今後、獣害がすぐに解消することはないと思われ、長期にわたり私たちの社会はこの問題と対峙せざるをえず、徐々にではあるが行政の体制や行政と住民の役割分担なども整理されていくと思わ

図 2-21　獣害対策における補完性原理（自助、共助、公助）

れる。

獣害を解決するため、地域の主体性向上や行政の役割を考えることは、獣害対策に留まらず、今後の人口減少社会のなかで、地域の福祉や防災などの在り方を考えていく地域づくりの基礎になる可能性もある。

完全な共通理念にはなっていないが、現時点で考えられる行政の役割や住民の負担すべき点などをその守備すべき範囲を基準に整理してみる（図 2-21）。

①農地を守る（自助）

個々の農地を守るのは所有者の役割である。火災で置き換えれば、火の用心や消火器の設置など、自助の努力が必要であるが、獣害でもそれは同様である。農地のエサ資源低減や個々の農地の電気柵など、自助による獣害対策は全ての基本である。

②集落を守る（共助）

個々の住民では困難な対策でも集落で取り組むことで効果を発揮するものが多々ある。典型的なのはサルの追い払いや集落防護柵である。個々で追い払いをしていても効果は出なくても、集落全体を守る組織的な追い払いにより、個々の農地の被害も減少することは前述のとおりである。

集落防護柵などは集落の道路管理や水路管理と全く同様の視点で管理すべき共助の取り組みである。

③学校区や旧村単位で守る（共助）

農村には高齢化や人口減少が著しく、今までのように集落単位ではもはや種々の活動が成り立たなくなっている地域も多い。しかし、獣害対策の範囲も旧村単位に広げれば、まだまだ人材も存在し相互の協力も可能になる。集落単位の活動を学校区程度の範囲で連携させる働きが重要である。近年、各地で作られている住民自治協議会などはそれに最も適した組織と思われる。

④市町村・県出先機関（公助）

獣害の交付金など、現在の獣害対策の補助金と呼ばれるものの多くは市町村の業務であることが多い。防護柵にしても大規模な捕獲にしても、住民だけでは金銭的な負担が大きい場面も多く、公助としての行政の支援は不可欠でもある。そのため少人数の市町村担当者に多大な負担がかかることが多く、その支援が県の出先機関には求められる。サル群の管理やシカの高密度地域での捕獲など、野生動物の管理に関する意思決定も、この市町村の範囲で行われることが多いが、サル群の管理などは市町村をまたいだ範囲での管理が適する場面も多く県の出先機関の役割も重要である。

また、①～③の自助、共助の獣害対策を地域が実践可能となるよう、地域の社会教育的な支援が求められる。これら、地域の体制づくりや集落の啓発などは、県の出先機関に所属する農業改良普及センターなどが知識を有することも多い。県事務所単位で野生動物の管理の担当者と、普及センターなど地域支援の担当者が連携できる体制が求められる。

さらに、行政のスリム化が進み、野生動物管理や獣害対策という、新たな問題に対応可能な公務員が足りていないのも事実である。長期的には専門教育を受けた職員を増やすための努力も必要であるが、当面、野生動物の管理や地域への社会教育といった業務を、専門家が存在する企業やNPOなどに外注することも有用な解決策である。この場合も、グランドデザインは行政がしっかりと作り計画的に外注する行政の能力が重要である。

⑤都道府県の役割

獣害対策の業務における、現場の主役は①〜④が中心と考えられる。①〜④までで、それぞれの役割を認識し、自助、共助、公助のバランスが取れた獣害対策が進展すれば、困難と思われた獣害も解決する可能性は高い。

都道府県の本庁等の役割は、黒子として、これらの役割分担が円滑に進むよう、都道府県単位の体制を構築することである。特定鳥獣管理計画や被害防止計画など、広域の計画が相互に連携できるようにするマネジメントも重要であり、被害を軽減させるという被害現場の本来の目標を見失わない体制構築が重要である。

8　獣害対策が暮らしやすい「社会」を育む
——地域政策全般への共通性

「獣害につよい集落」を作ることは、集落や地域に存在する何らかの課題を解決するためのアプローチである。症状は「獣害」であってもその原因は防護柵の不備、追い払いの不足、捕獲の体制不備、など種々の要因がありその解決方法も異なる。そしてその改善に数年にわたる持続的な改善や試行錯誤が必要になる場合もある。そのかわり、持続的な理にかなった対策を続けることで確実に成果は出るのである。重要なのは、対策を実施する主役はその集落や地域、つまりcommunityであることだ。このようにcommunityが中心になることで課題解決が可能な問題は国内外にたくさんあり、これらは地域主体の対策、community based management と呼ばれている。無論、地域だけが当事者ではない。地域ができることは地域が行い、公共機関がそれを何らかの形でサポートする。正しくその役割を分担すれば解決できる課題はたくさんあるはずだ。防災や福祉など地域の課題を改善するための地域政策と呼ばれるものの多くがこれに当たる。だからこそ、市町村や県が獣害につよい集落づくりを支援できるようになることは、種々の地域の課題を解決できる社会づくりに繋がると考えられる。

注

1)　アクションリサーチとは、簡単に定義することは難しいが、岡本（2016）は「その社会・その場所・その対象に応じて、よりよい方向を目指して変化を促進する実践的な研究活動」であると定義している。福祉や看護、教育など、何らかの社会課題と向き合う研究分野で様々な取り組みがなされている。鳥獣害対策を含む、農山村の課題解決もまさに「アクションリサーチ」（図 2–20）の活躍できる分野である。

引用文献

江口祐輔編（2015）『農作物被害の総合対策』誠文堂新光社。
江口祐輔編（2017）『農作物を守る鳥獣害対策』誠文堂新光社。
岡本玲子（2016）「アクションリサーチ」グレッグ美鈴・麻原きよみ・横山美江編著『よくわかる質的研究の進め方・まとめ方――看護研究のエキスパートを目指して　第2版』。医歯薬出版。
環境省（2015）「特定鳥獣保護・管理計画作成のためのガイドライン（ニホンザル編・平成 27 年度）」。https : //www.env.go.jp/nature/choju/plan/plan3-2d/index.html
環境省（2023）「野生鳥獣の保護及び管理に係る計画制度」。https : //www.env.go.jp/nature/choju/plan/plan3.html
QGIS（2023）「フリーでオープンソースの地理情報システム」。https : //qgis.org/ja/site/
九鬼康彰・武山絵美（2014）『獣害対策の設計・計画手法』農林統計出版。
鈴木克也・山端直人・中田彩子・上田剛平・稲葉一明（2013）「有効な防護柵設置率が向上した集落におけるニホンザル出没率の減少」『兵庫ワイルドライフモノグラフ』5：88–94。
高田知紀（2014）『自然再生と社会的合意形成』東信堂。
農文協（2018）「DVD 地域で止める獣害対策シリーズ 1：獣害を止める基本――野生動物の行動をふまえた総合的な対策」。
農林水産省（2022）「野生鳥獣被害防止マニュアル（総合対策編）　令和 5 年 3 月版　鳥獣対策コーナー」。https : //www.maff.go.jp/j/seisan/tyozyu/higai/manyuaru/manual.html
堀公俊・加藤彰（2008）『ワークショップ・デザイン――知をつむぐ対話の場づくり』日本経済新聞出版。

本田剛（2007）「被害防止柵の効果を制限する要因――パス解析による因果推論」『日本森林学会誌』89（2）：126–130。
山端直人（2010）「集落ぐるみのサル追い払いによる農作物被害軽減効果」『農村計画学会誌』28：273–278。
山端直人（2019①）「地域社会のための総合的な獣害対策とその実践――被害防除・個体数管理・集落支援・関係機関の体制」『国際文化研修』102：34–39。
山端直人（2019②）「ICTを始めとした先進技術と地域の力による獣害対策――革新的技術開発・緊急展開事業（地域戦略プロジェクト）の成果紹介」『農林水産技術』7（10）：8–13。
山端直人（2022）「獣害対策に関わる人材育成の社会科学　森林動物研究センターシンポジウム2022年度開催結果」。https://www.youtube.com/watch?v=bPNzs3bw5CA
山端直人・飯場聡子（2019）「サル管理の進展に伴う集落住民の感情変化――集落住民へのグループインタビューによる住民感情の分析」『農村計画学会誌』38：215–220。
山端直人・飯場聡子・池田恭介（2022）「地域主体の防護柵管理と併せた加害個体捕獲によるイノシシ、シカの被害軽減効果――アクションリサーチによる被害・意識の改善の定量・定性的な評価」『哺乳類科学』62（2）：203–214。
山端直人・鈴木克也（2013）「通電式支柱「おじろ用心棒」を用いた電気柵に対するニホンザルの行動変化」『兵庫ワイルドライフモノグラフ』5：81–87。
山端直人・六波羅総・清野宏典・鬼頭敦史（2018）「三重県におけるニホンザル被害管理と個体数管理の現状と課題」『霊長類研究』34（2）：149–152。
鷲谷いづみほか（2021）『実践野生動物管理学』培風館。

第3章
風車の視覚的影響評価
手法の比較から地域における合意形成の示唆

内田正紀・宮脇勝・香坂玲

近年、再生可能エネルギーが、国内外の持続可能な社会の形成において注目されている。欧州をはじめとした諸外国では、環境配慮、エネルギーの安全保障、地域外への支払いを減少させる地域圏内の経済的循環という観点から、先駆的に再生可能エネルギー導入の議論がなされてきた。

日本国内においてもこれに追随する形で、固定価格買取制度（FIT）や市場連動型となる（Feed-in-Premium：FIP）制度あるいは地球温暖化対策推進法、各自治体の再生可能エネルギーの利用促進に関する条例等によって、再生可能エネルギー導入が促進されつつある。しかし、全体や総論では反対は少なくとも、文脈や地域によっては市民による反対運動が起こるなど、事業実現に向けた合意形成が課題として存在する。なかでも風力発電施設[1)]の建設に際しては、その物理的な規模の大きさから社会的な論争へと発展する側面もある。具体的には、騒音、植生・生息域との競合、鳥類がブレード（風車の羽根）に衝突するバードストライク、ブレードの影の回転によって地上部に明暗が生じるシャドーフリッカーなどに加えて、景観への影響等の課題が明らかになっている。

こうした現状から、本章では風車の立地に向けた合意形成のために必要な制度や手法を考える。序章にあるように、合意形成に向けては時空間の視点をずらすことも有効だが、本章では海外の景観に関わる手法について紹介し、景観を含む将来像の描き方に関して、その手法の実施動向や研究の実情を報告する。もちろん本章で紹介する手法が全てではなく、合意形成には綿密な協議が重要で、着想から実施に至るまで、あらゆる段階での手法が考えられる。そうした合意形成のための手法の中から景観面に着目し、遠方からでも視認されうる風車においてはとりわけ重要な、視覚的影響評価を中心に論じる。

1　風車と景観

三重県松阪市飯高地域における風力発電施設建設計画

本書で取り上げている三重県松阪市飯高地域（図 3–1）では、筆者らがプロジェクトを実施している途中で風力発電施設建設の構想が打ち出され、地域社会、メディア、行政を含め、地域内外において議論となった。

具体的な経緯の概要を説明すると、2021 年 7 月 30 日に三重県と国に提出された「（仮称）三重松阪蓮ウィンドファーム発電所」の計画段階環境配慮書（以下、配慮書）[2]において、室生赤目青山国定公園、香肌峡県立自然公園、奥伊勢宮川峡県立自然公園など保全対象とされる山地を含む飯高の土地に最大 60 基の風車を建設するという大規模な計画が公開された。建設予定地には第二種特別地域や鳥獣保護区、あるいは松阪市が 11 の山を選定し PR に力を入れている「まつさか香肌イレブン」の迷岳や木梶山も含まれている。配慮書の公開後、住民を中心とした反対運動が起こり、署名活動では 3 万 6675 通の署名が集まった[3]。2022 年 11 月に、松阪市議会はこの計画に対して反対を求める請願を採択しているが、現在に至っても進展はなく、事業者が今後どのように動くかが着目されつつも、硬直状態となっている。

松阪市飯高地域で論争が起きた具体的な原因として、配慮書提出前の構想段階において、住民が関与できていない状態で立地計画がなされていることや、配慮書において客観的な評価材料が確立されていなかったことなどが考えられる。気候変動に加え、自然資本・生物多様性への対応が求められる今日において、環境への影響を客観的に「見える化」することは、飯高の事例に限らず、日本国内の他の事例や議論に供することができる。他方、現在、

図 3-1　三重県松阪市飯高地域の風景（蓮ダム周辺にて撮影）

CO_2 削減量の定量化は数値化によって一定程度可能で、「見える化」が進行しているが、森林や土壌、文化などの生態系サービスへの依存と影響は十分な定量的評価ができていない実情がある。特に、本章が対象とする景観については、他の環境負荷と比してそれぞれの地域固有の特徴に依るところが大きく、一律に捉えることが難しい。合意形成の側面から見ても、提示された計画の影響の大きさを示す指標が不足していることにより、市民が事前に影響を正しく把握する術がないことに繋がっている。加えて、景観の評価は環境アセスメントでの項目の一つではあるが、形骸化している側面もある。そこで本章では、見える化すべき生態系サービスの一つとして「景観」の評価に焦点を当てる。

風車ゾーニングの制度

景観評価に言及する前に、風車のゾーニング制度を紹介する。風車のゾーニングとは、風車について設置可能なエリアや規制するエリアを設定することを指す。適切なゾーニングによって環境アセスメントのプロセスより前の段階で立地の適正化を図ることができる。また、ゾーニングの実施段階における関係者間の協議は、合意形成に寄与することが考えられる。

日本では、自治体が環境保全を優先するエリアと風力発電導入を促進しうるエリア等を設定するゾーニング手法の具体的な検討が行われ、2018年に環境省が「風力発電に係る地方公共団体によるゾーニングマニュアル」を作成した。しかし、環境アセスメントのための風車ゾーニングは、環境関連法もしくは自治体の条例に根拠を持っているものの、土地利用計画体系としての法的な位置づけがない。このため、全国の土地利用に関わる国土計画、都市計画、景観計画、開発許可制度との一貫した全体計画手段がないままに風車が立地するという問題がある。一方ドイツでは、連邦行政裁判所の判決を経て全国で統一的な風車の立地規制制度が確立している。例えば、首都圏ベルリン州とブランデンブルグ州において、風車ゾーニングを行っているが、景観と生態系保護を目的に風車の立地を禁止するゾーニングと、風車の立地を誘導許可する適正地域のゾーニングを用いている。特に田園景観を保護するために、州が定めるオープンスペースネットワークのゾーンや、リージョンが定めるタブーゾーンと制限基準を定めることで、住民との合意形成が図られている（宮脇 2022）。

視覚的影響評価とは

本章が着目する景観評価とは、地域の自然環境や人為に関する情報を収集し、その景観の特性や価値を対象として評価するプロセスであり、視覚的影響に加え、植生や水系等の自然的条件、さらには歴史、文化といった社会的条件も含めた総合評価として用いられる。その景観評価の代表的な一つの方法である視覚的影響評価とは、読者もイメージしやすいであろう「眺め」を中心とした評価である。そこには、受容者である人々の生活や営みも考慮される。ここで、「景観」の定義と視覚的影響について、本章で取る立場を明確にしておく。「景観」は一般に、地理学・生態学の分野では「土地の広がり・領域」の意味合いが強く、建築学・都市計画学の分野では「眺め」の意味合いが強い（小野 2021）。一方、一般的に景観の英訳にあたるとされる「Landscape（ランドスケープ）」という語は、2000 年の欧州評議会の欧州ランドスケープ条約（ELC）において、“人々によって知覚されるエリアであり、その特性は自然の作用と人間の作用、あるいはそれらの相互作用による結果である”と定義され、ランドスケープという用語が領域と眺めの両者を包含する定義として機能するような方向性が示されている（宮脇 2011）。本章では「景観」という用語を、ELC が定義する「ランドスケープ」同様に両者を包含した用語として用いる。そして、知覚されるエリアとしての「景観」の中でも、五感による知覚の 8 割を占めるとされる視覚（加藤 2017）に焦点を当て、眺めに相当する「視覚的」要素の評価を中心に論じる。

再生可能エネルギーにおける景観評価の視点において、風力発電施設は工作物としての規模が高さ 100m を超える超高層ビルと同様に最大級であり、他の発電方法と比較して、その視覚的影響が特に顕著に現れる。そのため、系統だった実効性の高い視覚的影響の評価によって慎重に事業区域の選定や配置計画を行う必要がある。

本章では、風力発電施設に関する視覚的影響評価手法について、近年の研究も踏まえながら調査・予測手法を体系化したのち、イギリス、アメリカおよび日本において制度やガイドラインとして公的に行われている代表的な評価手法[4)]を概説する。その後、実際に日本で行われている視覚的影響評価について、事例をもとにその課題と可能性をレビューする。最後に、合意形成のための景観評価のあり方について言及する。

2　風力発電施設に関する視覚的影響評価手法の実務と研究動向

景観保全と風力発電施設による土地利用の相克を解消する一つの糸口として、例えば戦略的環境アセスメントの段階から客観的な評価手法によって提示される事業による影響を住民も含め事業に関わる全員が共有することが考えられる（我が国では配慮書の公開が該当するが、実務、実効性の観点では様々な議論がある）。そこで本節では、評価手法の選択肢について理解することを目的として、風力発電事業において景観保全を実現するための国内外の評価

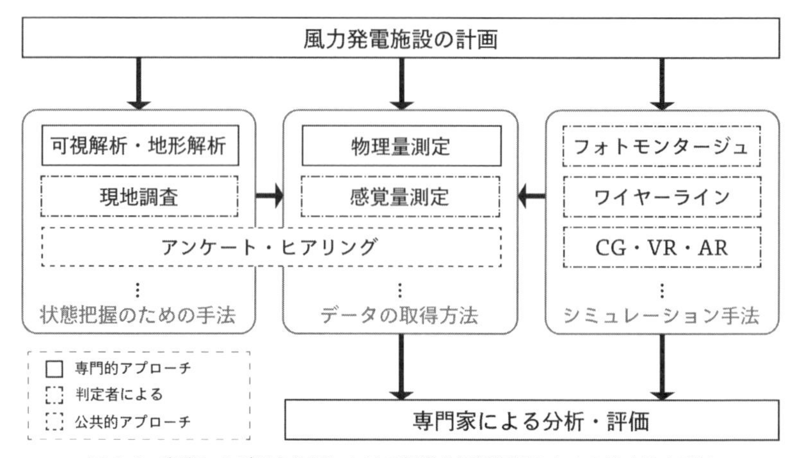

図 3-2　実務および研究分野における視覚的影響評価のための代表的な手法

筆者作成

手法について概説する。

視覚的影響評価指標の開発に関して、研究分野では多種多様な手法が検討されている。研究分野における視覚的影響評価のための代表的な手法を筆者が簡易的に分類したものを図 3-2 に示しつつ、状況把握のための手法、シミュレーション手法、データの取得方法について、以下に概説する。飯高地域への適用例は、4 節にて言及する。

状態把握のための手法

状態把握のための手法は、予測や評価を行う前に、既存の景観の状態や視認性、受容者の特定や影響が想定される眺望点の特定などを目的として用いられ、影響の評価が主眼ではない。代表的手法は図 3-2 に示すとおり、可視解析・地形解析、現地調査、アンケート・ヒアリングである。

可視解析・地形解析は、主に調査段階における状態や価値認識の把握のために用いられる。その代表的な例として、計画されている工作物が視認可能な地理的範囲、すなわち可視域（可視領域）の表示がある。基本的には GIS を用いて、標高データと工作物の高さを与えた観測点のデータから可視・不可視を解析し、地図上にマッピングすることによって表示される。例えば、計画されている風力発電施設の可視域であれば、観察点に風車の高さを与え、風車を観察されうる範囲、つまり風車が視認できる可視域を理論上特定することができる。可視解析・地形解析は、作成する側に技術は必要であるものの、地域ごとに手法を変える必要がなく、プロジェクトの初期段階に適用されることが多い。また、一般市民も比較的容易に理解可能である。欧米では理論上の可視域 ZTV（Zone of Theoretical Visibility）と呼称され、視覚的影響評価のベースラインとして広く活用されている（具体的な適用は4節に記述）。

実際の景観を対象として調査を行う現地調査では、現状の把握にとどまるため、予測や評価には別のプロセスを必要とする。現地での体験・調査や撮影した写真・動画を対象として、後述するシミュレーション手法やデータの取得・分析手法を用いることにより、予測や評価に活用される。

アンケート・ヒアリングでは、現状の景観に対する受容者の認識を定量的または定性的に把握することができる。特にアンケートは、状態の把握だけでなく、景観シミュレーションを住民に提示して行った場合、その結果を集計・分析することによって、景観変化に対する住民の反応や影響の大きさを予測・判定するための要素ともなりうる。

景観シミュレーション手法

ここでいう景観シミュレーションとは、事前評価において影響を予測するために、計画されている風車が建設された後の景観を仮想的に表現することを示す。代表的な手法は、フォトモンタージュ、ワイヤーライン、CG・VR・AR である。

フォトモンタージュとは、一般的には複数の画像を合成させるなど加工した画像のことであり、ここでは現地で撮影した景観の写真に風車を合成させた画像である。建築後の環境が視覚的にわかりやすいため非常に有用であるが、眺望点ごとに写真を撮影してモンタージュを作成する必要があるため、代表的な眺望点を選出して用いられる。また、印刷物で評価を行う際には、その対象物が現地において実際に肉眼で見える大きさに近づけて印刷したも

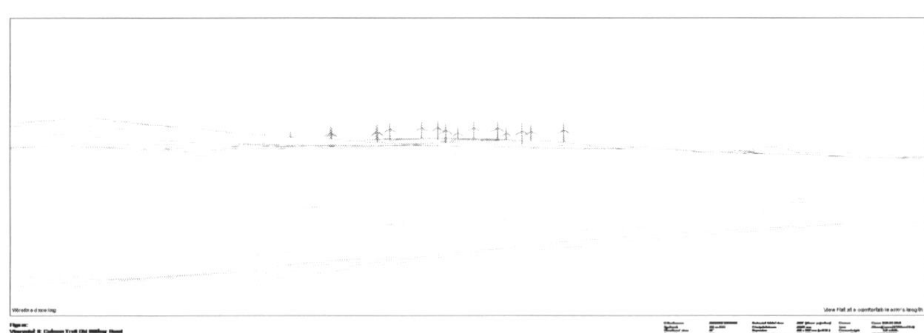

図3-3　フォトモンタージュ（上）とワイヤーライン（下）の例（Scotland's Nature Agency : https : //www.nature.scot/doc/visual-representation-wind-farms-guidance-figures）

のを一定の距離で評価しないと、正しく評価できないので注意が必要である（Landscape Institute 2019）。加えて、現地調査の代用にはならず、現地でしか味わえない景観体験そのものを示すものではない（具体的な適用は4節に記述）。

ワイヤーラインは、コンピュータで作成する線画である。地形データをもとに、地形と計画されている工作物を線で表示する。単純な線であるため詳細な分析はできない。一方で設計段階において迅速に変化の程度を把握するのに有用である。

CG（Computer Graphics）・VR（Virtual Reality）・AR（Augmented Reality）は全て、コンピュータを用いた手法である。具体的には、CG は計画されている工作物の三次元画像であり、VR と AR はその CG を配置して作成した現実を模した三次元空間である。VR と AR のフォトモンタージュと比較した際のメリットとして、囲繞景観までも仮想的に確認できること、簡易的に多数の眺望を確認できることが挙げられる。VR は、ヘッドセットなどを利用することにより、まるでそこにいるかのように歩いたり見回したりする模擬体験ができる仮想現実空間である。そのため、より実際の体験に近い形で影響を把握することが可能である。ただし、仮想空間が実際のものと比較して誇張があると、心理的な影響を増大してしまう恐れがある。AR は、拡張現実と訳され、カメラで撮影した現実空間に CG を重ね合わせて表示する技術であり、画面を通して視認することで、仮想ではない実際の景観を背景としながら影響を把握できる。動的なフォトモンタージュとも捉えられる。

データの取得手法

評価の材料となるデータの取得手法には、物理量測定と感覚量測定、アンケート等が挙げられる。

物理量測定とは、実際の距離や対象物の大きさ、画像等から抽出した視野内の占有率など、具体的な数値を計測する手法である。例として垂直見込角と呼ばれる指標があり、これは図 3-4 で示すように、対象物の大きさと対象物までの距離によって決定される角度のことで、見えの大きさを捉える指標となる。簡便性から、国内では環境アセスメントの文脈などで適用されることが多い。しかし、大規模化する風車に対応して、標高や地球の丸み、気差[5)]の影響を考慮した垂直見込角の計算を行う必要性も指摘されている（宮脇・内田 2023）（具体的な適用は 4 節に記述）。

感覚量測定とは、アンケート・ヒアリングやテスト、ヘッドカメラの装着による映像記録など、様々な手法を用いて視覚的変化の影響を受ける人々の認識を測定し、数値化する手法である。具体的な予測手法としては、計量心

見込角(α)=$\tan^{-1}$(s/d)（度）

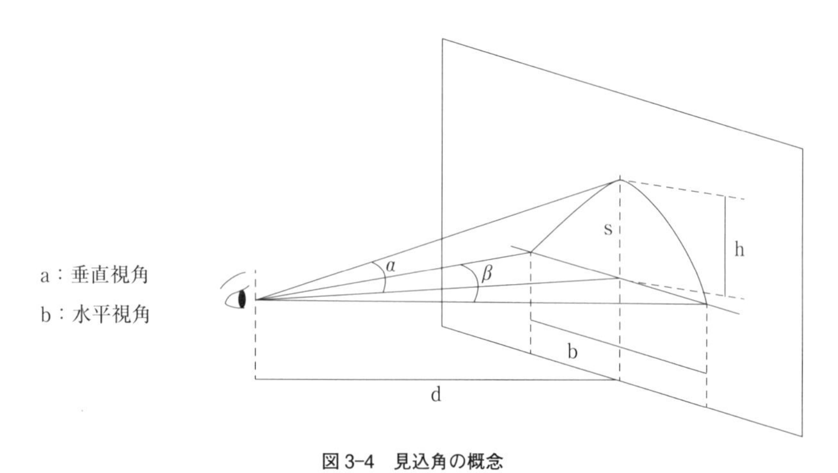

図 3-4　見込角の概念

出典：環境省「国立・国定公園内における風力発電施設の審査に関する技術的ガイドライン」(2013)

理学的手法（例えばSD法：Semantic Differential Method、マグニチュード推定法など）、フラクタル解析、仮想評価法（CVM法：Contingent Valuation Method）やアンケート調査による受容者の感覚・意向の把握等がある（一般社団法人　日本環境アセスメント協会 2017）。

視覚的影響評価手法における専門的アプローチと公共的アプローチ

前節で紹介した調査・予測手法を選択的に利用し、分析や判定がなされることによって、評価が行われる。視覚的影響評価を含む景観評価の手法は、大きく専門的アプローチ（expert approach, expert judgement）と公共的アプローチ（public preference approach, non-expert judgement）に分けることができる（Torres Sibille et al. 2009；Zube et al. 1982）。専門的アプローチは、景観の専門家、もしくはトレーニングを受けた人間が景観を分析する手法であり、景観の美しさや景観への影響の大きさ、重要性を客観的に評価するために用いられる。公共的アプローチは、専門家ではない市民等の判断に基づいて景観への影響を判定する手法であり、評価指標となるだけでなく、影響が許容されるかどうかを判断するために用いられる。これら二つのアプローチは、景観評価の一部である視覚的影響評価についても当てはまる分類である。それぞれ具体的な研究事例を紹介しながら、特性について論じる。

専門的アプローチについて、そのプロセスには定量的な手法と定性的な手法が存在する。専門家による定量的な評価手法では、物理量測定値・感覚量測定値等のデータを使用し、数値やスコアから影響を評価する。物理量測定値・感覚量測定値による定量的評価手法は、得られた数値から、既存の研究知見において明らかにされた指標値、閾値等によって評価を行う。フォトモンタージュやCG等仮想的にビジュアライズするものについては、画面内の占有率や遮蔽度、スカイラインの切断の有無や色彩対比などを数値化したうえで、指標等に基づき評価を行う。

専門家による定量的評価手法における研究成果の一つに、欧州を中心に知られている「風力発電所のスペイン式視覚的影響評価（Spanish Method of visual impact evaluation in wind farms）」（Hurtado et al. 2004；Manchado et al. 2015）がある。スペイン式視覚的影響評価は、2004年に発表された論文において提案された手法である。具体的には、村からの風力発電所の可視係数（a）、風力発電所からの村の可視係数（b）、直方体として捉えた風力発電所の可視係数（c）、風力発電所と村の間の距離係数（d）、村の人口係数（e）といった五つの係数を使用し、部分的評価1＝a・b・c・dと部分的評価2＝a・b・c・d・eを計算し、これらに視覚的影響の大きさの大、中、小といった定性的な判定を行い、評価する。2015年には、この五つの係数に加え、風力発電所を視認できる角度やコントラストなど、あらゆる考慮事項を数値化し、加えた更新版（通称SPM2）が提案されている。この更新された手法が、「MOYSES」というソフトウェアに実装されている。

スペイン式では、できる限り情報を定量化し、評価に客観性を付与しようとしている。しかし評価は絶対的なものではなく、様々なシナリオを比較することでより信頼性の高い結果が得られるとしており、端的には定量化と複数のシナリオを比較できる特性がある。

スペイン式に限らず、定量的評価手法の評価は最終のものではない。複数

表3–1　視覚的影響の大きさの定義（Knight 2006）

変化の大きさ	定義
大	開発が眺望上明確な影響を与え、キー・フォーカスとなる。
中	開発が眺望上明確に見え、重要性はあるものの、眺望の中心ではない。
小	開発は見えるけれども、眺望上の小さな要素に過ぎない。
無視できる	開発は見えない

Rebecca Knight（2006）“Landscape and visual”, Peter Morris and Riki Therivel（eds.）*Methods of Environmental Impact Assessment 3rd Edition* より（宮脇・藤原 2014 参照）。

のシナリオの比較により相対的に評価し、かつ受容者である住民や専門家による定性的判断によって最終的な評価とすることが望ましいと考えられる。

専門家による定性的な評価手法は、文章による記述、もしくはマトリクスによる定義に基づく評価を専門家が行うものである。代表的な定義の例として、イギリスの環境影響評価のエキスパートが著した書籍「Methods of Environmental Impact Assessment 3rd Edition」の6章「Landscape and Visual」で、視覚的影響の評価について、表3–1の定義が紹介されている（Knight 2006）。

また、こうした専門家の定性的な判定に基づき作成されたマトリクスを適用する例がある。

初めて風車の視覚的影響評価を実施し、作成されたマトリクスは、イギリスのシンクレアとトーマスが、ウェールズ州の陸上風車のフィールド観察によって作成した「The Sinclair-Thomas Matrices」である。全体高さ100mまでの風車と眺望点の距離（視距離）に基づいて、視覚的影響の大きさ（マグニチュード）について「大」「中」「小」「無視できる」とその組み合わせによる9段階の順序づけを行っている。この指標に基づき、「視覚的影響範囲ZVI（Zone of Visual Influence）の距離」を定義している。ZVIは、ここでは実際に肉眼で見た際の視覚的に影響を受ける範囲と大きさ（マグニチュード）（宮脇・藤原 2014）を示す。例えば表3–2において、高さ90～100mの風車で視覚的影響の大きさが「大」は視距離0～4km、「中もしくは大」は4～8km、「中」は8～18km、「小もしくは中」は18～23km、「小」は23～30kmである。影響の大きさ（マグニチュード）「小」の最大距離がZVI分析を推

表 3-2　シンクレアとトーマスによる風車の視覚的影響範囲（ZVI）の評価表（2001 年）The Sinclair-Thomas Matrices：風力の全体高さ 72〜74m（フィールド観測）と 90〜100m（推定）の視覚的影響の大きさの対応表（University of Newcastle 2002）

Sinclair-Thomas Matrices（section B）					
バンド		全体高さ 72-74m の風車	全体高さ 90m-100m 風車	マグニチュード	重要性
A	大きさ、動き、近接性、数による支配的な影響がある	0-3km	0-4km	大	独立して重要な影響の可能性がある
B	近接性による大きな影響：風景を支配することができる	3-6km	4-8km	中もしくは大	
C	中程度の影響で、はっきりと見える：邪魔に見える可能性がある	6-10km	8-13km	中	重要な影響に寄与する可能性がある
D	中程度の影響で、はっきりと見える：徐々に明瞭ではなくなり始める	10-14km	13-18km		
E	明瞭ではない大きさは低減されているものの、動きはまだ識別できる	14-18km	18-23km	小もしくは中	重要ではない影響になり始める可能性がある：増設により、数が増えたり、累積によって重要な影響になり始める
F	影響は小さく、光の状態によって風車の動きは注視できる景観全体の中の一部となり始める	18-23km	23-30km	小	
ZVI 分析の推奨範囲					
G	広い景観の中で無視できる影響で、明瞭ではなくなる	23-30km	30-38km	無視できる	
H	光の状態によって注視できるが、無現できる影響である	30-35km	38-45km		
I	無視できる、もしくは、影響がない	35km 以上	45km 以上		

奨する閾値となるため、ZVI 分析を推奨する閾値は 30km となる。視覚的影響の大きさが「中」以上となると、重要な影響に寄与する可能性があると示されている。

公共的アプローチは、図3-2で示すようにアンケート・ヒアリングを経るプロセスが該当する。また、市民を対象とした感覚量調査やシミュレーション結果を市民に提示する場合なども公共的アプローチと言える。ほかにも、ソーシャルメディアの使用、住民説明会での協議等が挙げられる。景観の最終的な受容者は市民であるため、専門家による評価を行うほかに、市民参加は重要なプロセスである。コミュニティ内で大きな対立を生まないためにも、早い段階から住民の合意形成に向けたアプローチを行うことが重要である。しかしながら、客観性の観点から、公共的アプローチにおいても専門家のアドバイスを加えて行われることが推奨される。最終的な事業の決定は公共機関の責任において行われるものであるが、民主的なプロセスを経る努力が必要である。

一方、学術的には市民の意見に着目し、視覚的影響の評価について考察を行っている研究が存在する。例えば近年の成果では、表現としてフォトモンタージュ、手法としてwebアンケートを採用し、視覚的影響の判定を集計し、その後統計分析を行うことによって、視覚的影響を評価している研究(Kirchhoff et al. 2022)、ソーシャルメディアサービスであるInstagramから画像とテキストを抽出し、画像の物理量測定とキャプションの定性的分析を行っている研究（Mohammadi et al. 2023）などが挙げられる。

3　各国の制度に見る風力発電施設に関わる視覚的影響評価

風力発電導入を行う各国では、施設設置に際して適切な立地コントロールを行うため、景観評価、及び視覚的影響評価に関わる制度やそれに関するガイドラインが作成されている。ガイドラインには、先述のような学術的知見や法的手順を参照したうえで、包括的な手法が提示されている。

本節では、先進的に風力発電導入を行ってきたイギリス・アメリカの２国の代表的なガイドラインと、日本の視覚的影響評価手法について紹介する。

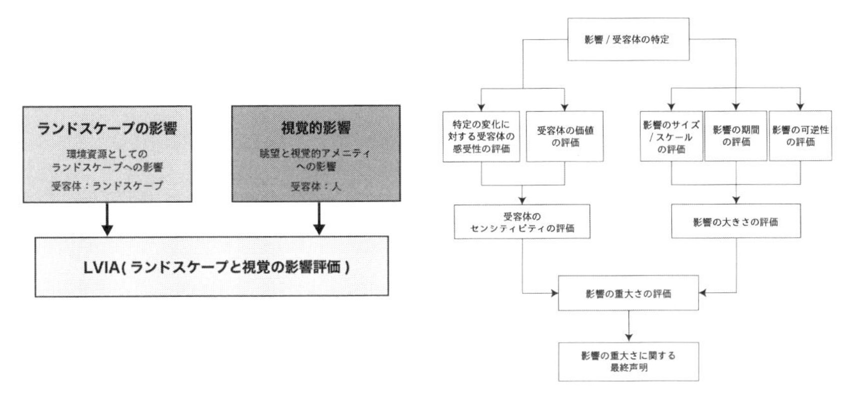

図 3-5　LVIA の体系（左）とランドスケープと視覚の影響評価に共通するプロセス（右）（Landscape Institute & Institute of Environmental Management and Assessment 2013）

イギリスの視覚的影響評価

イギリスは、陸上洋上ともに風力発電に長い歴史があり、近年は政府が風力発電を推進する政策を掲げると同時に発電施設の建設に関わる法的枠組やガイドラインを整えてきている。

イギリスでは、環境アセスメントの一部として視覚的影響評価を実施する際に、英国ランドスケープ学会と国際組織の環境管理アセスメント協会（IEMA）が共同で作成した「ランドスケープと視覚的影響アセスメントのためのガイドライン（Guidelines for Landscape and Visual Impact Assessment 以下：GLVIA）」が用いられ、評価がなされている。なお、GLVIA が最初に作成されたのは 1995 年で、現在は 2013 年作成の第 3 版（GLVIA3）が用いられている。

このアセスメント手法の特徴は、ランドスケープの影響と視覚的影響の両面を評価する点にある。ランドスケープの影響評価では、地理的条件、生息地、歴史、文化等の情報からランドスケープを特徴づけたランドスケープ特性評価（Landscape Character Assessment）をもとに、総合的な評価を行うものである。一方、視覚的影響評価では、眺めに特化して評価を行い、風車などの施設が及ぼす視覚的影響を評価するものである。視覚的影響の重要性は、「視覚的影響の大きさ」の評価と「センシティビティ[6]の大きさ」の評価を掛け合わせて評価している。

GLVIA3 では、説明されている手順はすべて専門家の判断に基づいているが、公的な協議がプロセスの重要な部分であることについても言及されている。加えて、基準を数値や採点によって示すことで重みづけを行うことは、その定量性から時に間違った説得力を持ってしまう場合や、不適切な関係性を示唆する場合が存在するため、避ける、もしくは慎重に扱うことが推奨されている。

さらに、評価に関する市民参加についても、EIA（環境影響評価）の手続きにおいて市民との協議が正式に義務づけられているのは環境報告書（Environmental Statement（日本の環境アセスメントでの評価書に当たる））の提出とレビューの段階でのみであるが、一般市民やステークホルダーとの連携は一般的に早ければ早いほうがよいとされ、協議の真正性や透明性が重視されている[7]。このように情報公開と市民意見の反映を重視しているが、影響の判定は専門家と景観を管轄する公共機関が担い、最終的な決定は管轄する公共機関の意思決定者に一任される。その他、風力発電所が増えていった際の累積的影響に関する対応や、ミチゲーション（代替措置）についても網羅的に示されている。

イギリスの中でもスコットランドでは、「Visual Representation of Wind Farms Guidance」（Scottish Natural Heritage 2017）という風力発電施設に特化した視覚的影響評価の詳細なガイドラインが、Scottish Natural Heritage（現 Scotland's Nature Agency[8]）により発行されている。当ガイドラインには、GLVIA3 と整合する具体的な風力発電施設の景観影響評価に関する一連の説明や留意点が示されている。例えば、理論上の可視域（ZTV）の表示方法とフォトモンタージュの作成の際の留意点、フォトモンタージュ・ワイヤーライン等を用いた表現手法及びその評価時の環境について詳細に説明されている。具体的には、風車の評価に必要な景観シミュレーションの方法、その画像の視野角、カメラの焦点距離、印刷用紙と視距離等について明確な数値を挙げて説明している。さらに、風車の視覚的影響を評価する際に必要な条件として、正しい大きさで景観シミュレーション結果を表示もしくは印刷し、理論上の「正しい視距離[9]」より近い視点（腕の長さ）で見ることを指示し

表3-3　White Consultantsによる評価例（洋上風力発電所「Beatrice」の場合）（White Consultants 2020）

計画名	Neart na Gaoithe
文書	ES - Chapter 21 Seascape, Landscape and Visual Impacts
データの出典	http://www.neartnagaoithe.com/environmental-statement1.asp
ステータス	承認済み

風力発電所詳細	建設または承認済	ES/SLVIAで評価	風車のタイプなど
総発電容量（MW）	448		
風車の数	45-54	64-128	8-10MW
風車の最高高さ（m）	208	175-197	
離岸距離（km）	15		

影響（他の風力発電所は存在せず、考慮されていない）

眺望点の名称	風車までの距離（km）	センシティビティの大きさ	視覚的影響の大きさ	視覚的影響の重要性
2 Beach Road, Kirkton, St Cyrus	49	高	無視できる	無し
5 Dodd Hill	43.9	中	無視できる	無し
6 Braehead of Lunan	39	高	小	中から小
7 Arbroath	30.8	高	中から小	中
8 Carnoustie	31.7	中	中から小	中
9 Dunedee Law	44.9	中	無視できる	無し
10 Tentsmuir	31.8	高	中から小	中
11 Strathkinness	33.1	高	小から無視できる	小
12 St Andrews, East Scores	28.2	高	小	中
13 Fife Ness, Lochaber Rock	15.5	高	大	大
14 Anstruther Easter	21.8	高	大	大
15 Largo Law	36.8	中	無視できる	無し
16 Isle of May	16.3	高	大	大
17 North Berwick Law	33	高	小	中
18 Dunbar	28	高	中	大から中
19 West Steel	34.9	中	小	小
20 Coldingham Moor	32.8	中	中から小	小
21 St Abb's Head	33	高	中から小	中

分析	km	
視覚的影響の大きさ「小」の最大距離	39	（「小」と「中から小」を合算）
視覚的影響の大きさ「小」の平均距離	32.9	（「小」と「中から小」を合算）
視覚的影響の大きさ「中」の最大距離	28	（「中」のみ）
視覚的影響の大きさ「中」の平均距離	28	（「中」のみ）

ている。幾何学的に正しい印刷画像を理論的な視距離で見たとしても、現実に人々が体験する景色を描写するとは限らない点、大きく表示することで実際の景色をよりよく表現することができる点が言及されている。比較して日本の環境アセスメントの場合、大半は実際に見える大きさよりも小さく印刷されており、評価の際に過小評価となっている問題が見られる。

このスコットランドのガイドラインは、イギリスのビジネス・エネルギー・産業戦略省が主導する「海洋エネルギー戦略的環境アセスメント」（OESEA：Offshore Energy Strategic Environmental Assessment）の一環として作成されたレポート（White Consultants 2020）でも活用されている（表3–3）。評価のまとめ方としては、あらゆる風力発電所についてその風車の大きさと離岸距離の最大値と平均値を集計している。

アメリカの視覚的影響評価

アメリカでは、世界各国に先立って1969年の国家環境政策法（NEPA：National Environmental Policy Act）において、環境アセスメント制度が導入され、法律に基づき環境アセスメントを行わなければならない。

ここでは、1986年に策定された視覚的影響についての制度であり、現在も参照されている内務省土地管理局（BLM：Bureau of Land Management）の視覚的コントラスト評価（Bureau of Land Management Visual Contrast Rating（略称：BLM-VCR））と、そのほかの局によって作成された視覚的影響に関わるガイドラインについて概説する。

BLMの視覚的コントラスト評価においてコントラストという用語が用いられているのは、計画されているプロジェクト実施前と実施後について、想定される景観の視覚的特徴の変化を体系的に比較することが意図されているためである。経緯としては、デザインに関する正式なトレーニングを受けていない局の職員による視覚的影響の判定を支援することを目的として1986年1月17日付で視覚的資源コントラスト評価（Visual Resource Contrast Rating）というマニュアルが発行され、BLMが所有する土地[10)]ではマニュアルにある手法が適用されることとなった。当マニュアルでは評価のプロセスとして、①プロジェクト内容の入手、②視覚的資源管理（VRM：Visual Resource Management）目標の特定、③主要な眺望点（KOP：Key Observation Points）の選定、④視覚的シミュレーションの準備、⑤コントラスト評価の完了という5段階が設定されている。②にある視覚的資源管理（VRM）とは、景観（視覚的）価値の質の保護を目的とする公有地管理である。VRM

A. 事業計画の概要

1. 事業計画名	4. 場所	5. 場所のスケッチ
Well Site #136	タウンシップ 27S	ハッチ・ポイント・ロード
2. 主要な眺望点（KOP）	レンジ 21E	ノブ ループ
#15 ハッチ・ポイント・ロード	セクション 24	KOP
3. VRM クラス		北
クラスII		well site の眺望方向

B. 特徴的な景観の説明

	1. 地形 / 水域	2. 植生	3. 構造
形状	平坦またはなだらかな地形	植生パターンによるシンプルな形状	
輪郭	水平・斜め	弱い・起伏がある	
色彩	暗い黄褐色からオレンジ	淡緑色から濃緑色、斑点模様	
質感	なめらか	なめらかまたは粗い	

C. 提案の説明

	1. 地形 / 水域	2. 植生	3. 構造物
形状	平坦	整地による幾何学的・直線的な形状	円筒形、幾何学的、角張っている
輪郭	水平（地表） 曲線（道）	整地と道路のエッジの影響による強い不規則な線	垂直、水平、角がある
色彩	黄褐色	淡緑色	黄褐色
質感	きめ細かいまたはなめらか	まだら	粗い

D. コントラスト評価　□短期　□長期

1. コントラストの程度

要素	地形 / 水域：強	中	弱	無視できる	植生：強	中	弱	無視できる	構造物：強	中	弱	無視できる
形状			√				√				√	
輪郭		√				√					√	
色彩			√				√				√	
質感			√				√				√	

2. プロジェクトの設計は VRM の目標に合致しているか？
□はい　☑いいえ　（裏面に説明せよ）

3. 追加の緩和策の推奨
☑はい　□いいえ　（裏面に説明せよ）

評価者の氏名：Bob Tumwater, Russ Grimes, Pete Jordan
日付：1985年 8月15日

図3-6　VCRで用いられるワークシート例（一部抜粋）（Bureau of Land Management 1986）（筆者訳）

は四つにクラス分けされ、クラスそれぞれに目標が割り当てられているため、対象プロジェクトがどのVRMクラスに属しているかを特定することで、VRMの目標を特定できる。なお、クラスIが最も保全されるべき景観資源である。VRMの目標は評価の際に参照されるもので、視覚的コントラスト評価においては、この目標との比較も含まれる。コントラスト評価は、主要な眺望点から、図3-6のようなワークシートを用いて行われる。

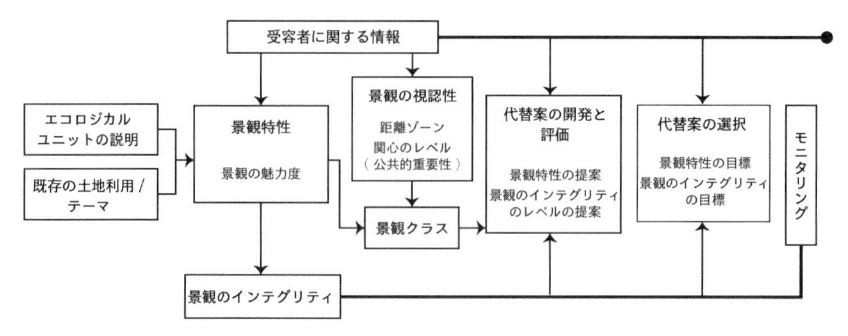

図 3-7　景観管理システム（SMS）の手順（United States Department of Agriculture 1995）（筆者訳）

他の管轄局では、農務省下の森林局（FS：Forest Service）の景観管理システム SMS（Scenery Management System）がある。森林局には視覚的影響評価の正式な手順は存在しないが、提案されたプロジェクトと周囲の景観との適合性を景観管理システムによって評価し、視覚的影響に関わる情報を得ている。景観管理システムには大きく二つのプロセスが存在し、一つは「景観特性（Landscape Character）」を明らかにすること、もう一つは「景観のインテグリティ（Scenic Integrity）」のレベルを明らかにすることである（図 3-7）。景観のインテグリティとは、景観特性が損なわれていないことや完全な状態であることを示し、そのレベルは、「非常に高い（VH）」、「高い（H）」、「中程度（M）」、「低い（L）」、「非常に低い（VL）」、「許容できないほど低い（UL）」といった 6 段階に評価される。このレベルは、景観特性を明らかにすることによって得られる情報から決定される。景観のインテグリティのレベルが高いほど、既存の景観が自然の状態に近いことを示す。景観の視認性や受容者の関心のレベルに関する評価プロセスを経て計画が採用されると、将来的に望まれる景観のインテグリティのレベルが景観保全目標（Scenic Integrity Objective）となる。しかし、「許容できないほど低い」は保全目標にならないため、保全目標は 5 段階となる。同時に、望まれる景観特性についても目標として設定される。目標が設定されると、プロジェクトが既存の景観に追加されることによる影響をどこまで許容できるか評価することができる。先述したように森林局では視覚的影響評価に関する特定の手順やガイド

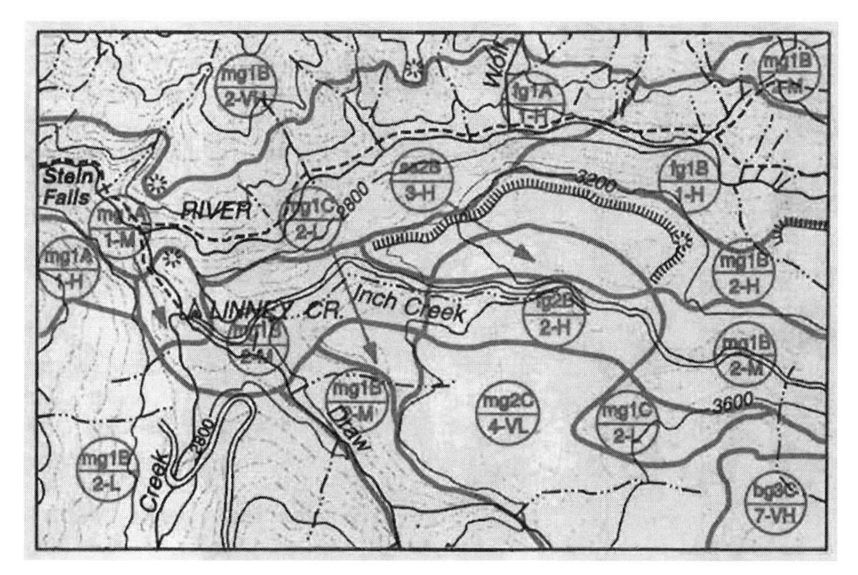

図 3-8　景観インベントリのマップ（United States Department of Agriculture 1995）

距離ゾーン［目の前（ifg；Immediate Foreground）、前景（fg；Foreground）、中景（mg；Middleground）、背景（bg；Background）、滅多に見えない（ss；Seldom-Seen Areas）］と関心のレベル［1～3、1が高い］、景観の魅力［A～C、Aが特徴的］を上部に、下部に景観クラス［1～7、1が価値が高い］と景観のインテグリティ（VH～VL）を表示し、その組み合わせによって分類されている。

ラインがないが、このSMSプロセス内で得られた情報、判定（図3-8）及び目標を参照し、様々な手法によって評価が行われる。

以下では、国立公園局（NPS：National Park Service）と海洋エネルギー管理局（BOEM：Bureau of Ocean Energy Management）が作成した、風力発電施設に関連する視覚的影響評価に関わる近年のガイドラインを概説する。

国立公園局は2014年に再生可能エネルギー全般に使用できる視覚的影響評価のためのガイドラインとして「再生可能エネルギープロジェクトに関する視覚的影響評価のガイド」（Sullivan & Meyer 2014）を発行した。このガイドラインでは、視覚的影響アセスメントにおける観測者（視覚的変化の影響を受ける人々）の特性把握の重要性について言及されており、「観測者数」、「観測頻度と観測時間」、「計画予定地の景観に対する観測者の馴染みの度合い」、「観測する際の活動種別」、「計画予定地の景観に対する関心」といった五つの視点から観測者の情報を整理することが求められる。加えて、「照明」、

「大気条件」、「距離」、「対象物の特徴（動きや背面など）」を含む、視認性に影響する八つの要素を定めている。また、視覚的影響アセスメントが意味のあるものとなるよう、「視覚的影響の分析」、「ミチゲーション（代替措置）」、「視覚的シミュレーション」のそれぞれで考慮されるべき項目についての詳細なチェックリストが用意されており、評価の際に十分な精度を担保するための方策が示されている。

一方、海洋エネルギー管理局は2021年に、洋上風力発電施設に特化した景観ガイドラインとして「米国大陸棚の外の洋上風力発電施設に対する海洋景観と視覚的影響のアセスメント」（Sullivan 2021）を発行した。当ガイドラインでは、「既存の眺望に計画中のプロジェクト要素や関連するアクティビティを追加することによって生まれる視覚的な変化」、「視覚的変化が観測者の眺望体験に及ぼす影響」、「体験への影響に対する観測者の反応」といった3種の視覚的影響に言及している。そのための評価として、重要な眺望において、提案されるプロジェクトによって引き起こされる視覚的変化の性質と大きさの特定、プロジェクトの結果生じる景観の視覚的質の変化、その変化が人々の視覚的体験に及ぼす潜在的影響、視覚的変化に対して起こりうる観測者の反応の評価を定めている。

このように、アメリカでは、視覚的影響を考える際に計画前後の変化を重視しており、そのために景観の特性や価値に基づいて目標が個別に設定され、事業の影響を評価する。受容者と物理的な影響の両者を定義づけ、組み合わせて評価する点においては、イギリスの手法に類似している。一方で、各局の管轄する公有地にしか適用されないため、民有地については国で統一した手法はない。

日本の視覚的影響評価

日本の視覚的影響評価は、公的には環境影響評価法の下で行われる環境アセスメントの中で実施される。以下に、環境省が作成した風力発電施設の視覚的影響評価に関わるガイドラインについて概説する。

「環境影響評価　技術ガイド　景観」（環境省 2008）は、景観評価について網羅的に記述されており、現在でも実効性の高いものとなっている。本ガイドラインの特徴は、眺望点や景観資源に限らず、自然、歴史、文化等多様な側面の調査やヒアリングの推奨など、景観の特性を把握するための記述が多い点である。これらの景観の特性は、あらゆる景観分類を使用して整理することが求められている。分類手法の例として、視距離、構成要素（都市景観、農山村景観、自然景観）、地域環境（山地自然、里山自然、平地自然、沿岸）、文化的景観の区分方法が紹介されている。視覚的影響評価手法に関わる部分では、大半が2002年に自然環境研究センターが発行した「環境アセスメント技術ガイド　自然とのふれあい」を参照している。

その「環境アセスメント技術ガイド　自然とのふれあい」は、自然との触れ合い分野の環境影響評価技術検討会が1999年から2001年にかけて作成した一連の報告書の完成版である。その後、環境影響評価法の改正をはじめとした法制度の制定・改正、生物多様性条約などの国際条約の締結等を背景に、2014年から2016年にかけて改訂作業が実施され、2017年に「環境アセスメント技術ガイド　生物の多様性・自然との触れ合い」（一般社団法人　日本環境アセスメント協会 2017）が発行された。

「環境アセスメント技術ガイド　生物の多様性・自然との触れ合い」は、環境省による「環境影響評価　技術ガイド　景観」と同様に、事業・地域特性の把握から評価手法に至るまで網羅的である一方、具体的な技術手法の解説に関する記述が多く、その点で環境省の技術ガイドとは用途を異にする。また、計画段階環境配慮書に関する明確な言及や手法についての記述はないが、作成した配慮書の活用方法を提示している（手法については、2013年発行の「環境アセスメント技術ガイド　計画段階環境配慮書の考え方と実務」（計画段階配慮技術手法に関する検討会、環境省総合環境政策局環境影響評価 2013）に書かれている）。加えて、タイトルが示すように、景観以外の対象である動物、植物、生態系、触れ合いの活動の場に関する技術に関しても明記されている。景観評価については、「眺望景観」と「囲繞景観」に分けて考慮される点が特徴として挙げられる。当ガイドでは、眺望景観は“視覚を通じて認知される像に着目した二次元的景観”、囲繞景観は“眺望点周辺の物理的空間や場の状態に着目した三次元的景観”と定義されている（一般社団法人　日本環境アセスメント協会 2017）。

予測・評価方法としては、アンケート調査・ヒアリング調査のほかに、可視解析・地形解析・物理量測定・感覚量測定といった定量的手法が提案されている。予測・評価において、現地踏査における視覚画像に加え、フォトモンタージュ画像、CG、VR 等の技術活用が推奨されている。また、視野内占有率や視野角、シルエット率等の数値的な指標への言及もある。全体評価の取りまとめは、「可能な限り客観的かつ定量的な評価を行うことが望ましいが、定性的な評価を行った場合でも、視覚的イメージを活用してわかりやすく表現するとともに、価値認識を含む環境変化の有無、事業実施による影響の程度などについて可能な限り客観的な表現で記載することが必要である」（一般社団法人　日本環境アセスメント協会 2017）とされており、客観性を重視している。

ほかに、風力発電施設のみを対象として、2013 年に環境省が「国立・国定公園内における風力発電施設の審査に関する技術的ガイドライン」（環境省 2013）を発行している。このガイドラインは、前述までの体系的なものとは違い、調査・予測・評価の手法に関して具体的に詳細な説明がなされている。特筆すべき手法として、図 3-4 に示す垂直見込角による眺望への影響の度合いの評価が挙げられ、眺望に対する支障程度の判断に垂直見込角の利用が想定されている。しかし、垂直見込角 1 度を視覚的影響の限界範囲に用いると、実際の影響範囲よりも小さくなる問題が指摘されている（宮脇・内田 2023）。

日本の景観ガイドラインでは、予測手法として定量性を求めつつも、評価手法に関しては、事業ごとに適切な手法を採用する点への言及、および不確実性や環境保全措置、事後調査の必要性の記述にとどまる。このため、定量的な調査・予測をしても、配慮書や方法書段階では風車の事業内容の問題の指摘や、それを踏まえた修正やミチゲーション（代替措置）に基づく改善方法の記述がほとんど見られないという問題がある。

以上、英米日の視覚的影響評価、一部景観評価について概観した。いずれの国においても、客観的な表現手法の確立に向けた方策や、適切な環境保全措置を考慮した評価が重要である点に触れている。英米では、評価そのものは専門家の判断に任される点が重要となっている。

4　日本における視覚的影響評価の実態と課題・評価手法の適用

ここまで、様々な景観評価手法について概説してきた。本節では、実際に日本で行われている評価事例として、１節で触れた三重県松阪市飯高地域で計画され、住民の反対運動も起きた「(仮称）三重松阪蓮（はちす）ウィンドファーム発電所」の配慮書の内容を参照しながら、景観評価手法の観点から現状と課題について論じる。

(仮称）三重松阪蓮ウィンドファーム発電所の視覚的影響評価

当配慮書における景観評価は、調査段階で眺望点・景観資源の分布状況の把握と垂直見込角の算出、予測段階で景観資源及び主要な眺望点の改変の程度と主要な眺望景観の変化の程度の推定を行い、最終の評価段階では予測の内容に評価基準を当てはめて評価結果としている。評価結果はほとんどが垂直見込角のみに基づき、「景観対策ガイドライン（案)」の定義文を引用するにとどまる。一部、景観や眺望の改変・変化に言及しているが、手法として確認できるのは理論上の可視域のみであり、改変の程度に関しては事業区域境界内に景観資源や眺望点が含まれているかどうかを判断するにとどまっている。また、予測値に基づいて景観影響があると評価しながらも、改善する必要性を認識しておらず、評価結果への対処がなされないという問題が見られる。

特に問題となるのが情報量の少なさである。配慮書では、詳細な配置計画や複数案の提示は、努力義務ではあるものの、義務づけられていない。スコーピング、市民や専門家との協議を行い、場合によっては事業計画を見直す必要があるが、あまりにも情報が少なければ、市民の理解を蔑ろにしていると反発を招き、今回のように反対運動が起こりかねない。もちろん反対運動の原因はそれだけではないが、合意形成の手続きに必要な景観に関わる十分な情報の提供は非常に重要である。

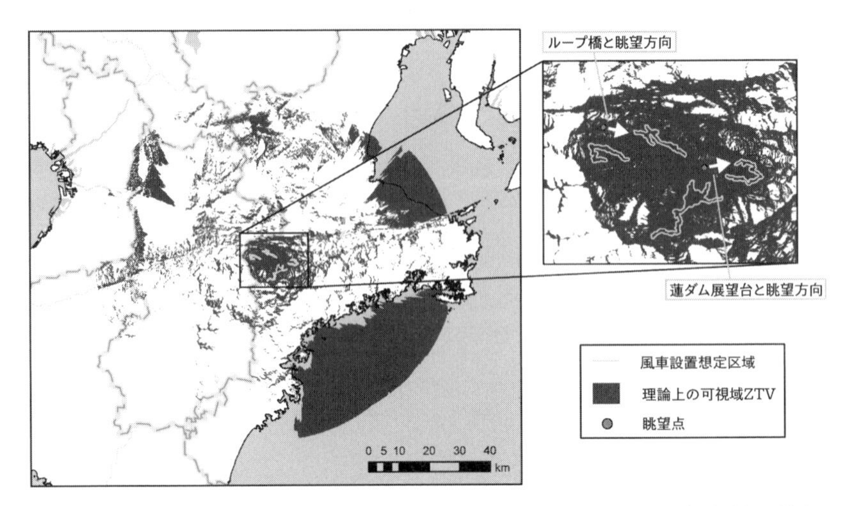

図 3-9　三重県松阪市飯高町において想定される風力発電所計画の ZTV と、視覚的影響の判定に使用した眺望点・眺望方向

改善に向けた提言

視覚的影響評価に関して、改善に向けた留意点と推奨する手法について考察する。

現在提出されている配慮書では、可視領域を 183m の風車で垂直見込角 1 度となる距離 10.5km に限定しているが、垂直見込角 1 度に十分な意味はなく、本来であれば理論上の可視域 ZTV 全ての範囲を算出し、眺望点の選出対象とすべきである。例えば、事業計画を参照して作成した ZTV が図 3-9 である。また、山間部で算出範囲を限定する場合には、風車の設置地点と眺望点の標高が異なる点に留意しなければならない。設置点より眺望点の標高が低い場合は、より広範囲に理論上の可視域が広がる。

加えて標高は視覚的影響の大きさにも影響する。例えば、眺望点「波瀬（はぜ）駅」の標高は 335m で、最近傍の区域範囲の標高が約 750m であり[11]、配慮書では垂直見込角が約 7.0 度となっているが、標高差を考慮すると約 6.3 度となり、その差は無視できない。

一方、2 節でも紹介した多くの主要な眺望点から視覚的影響をフォトモンタージュやシミュレーション画像によって判定することによって、視覚的影響の「大」「中」など影響と眺望点から風車までの関係を特定することにより、事例の眺望点ごとに定性評価の判定を行うことができる（宮脇・内田 2023）。

例えば、視覚的影響の判定例として、以下に2枚のフォトモンタージュ画像を示す。これらの画像はイギリスのScotland's Nature Agencyのガイドラインに基づいて作成しており、35mm判75mmレンズ相当の写真に合成してパノラマにしたものをA1サイズの横幅に相当する820mm×260mmで印刷した画像を、腕の長さで見ることを想定している。図3-10（左）の眺望では、山脈によるスカイライン上に複数の風車が視認でき、眺望の中心となるため、視覚的影響は「大」と判定される。一方、図3-10（右）も、同様の理由で視覚的影響は「大」と判定される。ただし、これらの画像は配慮書の事業計画をもとに筆者が独自に作成したものであり、実際の計画とは無関係である。

定性的評価のためのシミュレーション手法として、CG・VR・ARは技術的課題から本章での提案は差し控える。技術開発は日々推進されており、日本においても2022年に東北緑化環境保全が新エネルギー・産業技術総合開発機構と共同で開発したブレードの回転を考慮した3Dシミュレーションシステムが発表されている。仮想空間の精度が向上することで、より簡便に視覚的影響の予測が行えることが期待される。

5　今後の展望

今後さらに導入量の増加が見込まれる風力発電事業において、自然環境や市民との共生は喫緊の課題である。共生を目指すにあたって、事業者・行政・市民といった各関係主体の合意形成は大きな役割を担う。しかしながら、視覚的影響の側面から考えると「大」となる事業が多く、現状、視覚的影響ないし景観の評価を正しく共有したとしても、合意に至る可能性は低いと考えられる。そのため、1節で述べたように、事業計画よりもさらに早期の段階で、風車の立地を規制するゾーニングと風車を誘導するゾーンをあらかじ

図 3-10　ループ橋からの眺望（左）と蓮ダム展望台からの眺望（右）　ループ橋から見えている中で最近傍の風車までの距離 3.1km、蓮ダム展望台から見えている中で最近傍の風車までの距離 2.8km

どちらも風車の最大高さ 183m　水平視野角 53.5°　垂直視野角 18.2°（それぞれ判定する際に印刷の大きさ 820mm × 260mm を想定したもの）

め定める制度によって、合意形成に寄与する可能性がある。

とはいえ、視覚的影響を市民が正しく理解しないまま建設してもよいという話にはならない。日本のガイドラインでは、視覚的影響評価・景観評価に関する制度について、評価手順やあらゆる留意事項には言及しているが、評価手法を明確に義務づけていないという課題が見られる。予算や人員の制約を受ける事業者は可能な限り迅速に環境影響評価の手順を終了させたいため、手間のかかる手法を避ける傾向があり、加えて事業計画にマイナスな印象を与えうる具体的な表現を避けがちである。そうした傾向は、特に配慮書の段階では顕著である。また、ガイドラインで紹介されている手法についても、想定とは異なった方法で利用され、間違った結果を示唆する可能性がある。公的なガイドラインは、常に適切な基準となるように、見直し、改善を続けていく必要がある。評価の方法論に限らず、合意形成のための課題やバランスについて議論を深める必要があり、国内の風力発電施設および再生可能エネルギーの状況については、景観と環境アセスメントの関係性（Kohyama & Kohsaka 2022）、太陽光の施設との比較（Kohsaka & Kohyama 2023）などは規模や特性を概説しており、参考となる。

このように、再生可能エネルギー導入の機運、技術発展に対して、制度や方法論の確立・改訂が今後も課題となっている。ここまで風力発電導入と景観保全の相克について論じた。行政、事業者、住民にとって、機微な課題であるだけに、研究の動向や方法論と、制度との結びつきは重要となる。地元であればなおさらそうであり、海外における手法の動向や情報の集積を含め、国内の制度の改善に不断の努力が必要となる。また風力発電をはじめとする再生可能エネルギーは自然との共生のために推進されているという原点があることも忘れてはならない。

注

1）　風力発電施設及び風力発電所（wind farm）は、風車が設置される場所一帯を指す。

2）　計画段階環境配慮書は、環境影響評価のプロセスにおいてはじめに作成される文書であり、戦略的環境アセスメントに位置付けられる。

3）　まつさか香肌峡環境対策委員会 HP〈https://www.kahadakyo-eco.com/〉

4）　ここでいう評価手法とは、調査及び模擬的な予測に基づいて生成された評価指標を用いて、影響の大きさや重要性の判定を行う、事前評価に関する一連のプロセスを指す。
5)　気差とは、大気の屈折によって生じる実際の高さと見かけの高さとの差。
6)　センシティビティの大きさとは、受容者（視覚的影響評価の場合、人々）の感受性や感覚に与える影響の程度を意味する。
7)　GLVIA3 より。
8)　スコットランドでは政府により公的に業務委託を行う非政府部門公共機構がいくつか存在するが、そのうち、自然環境のアドバイザーとして設置されているのが Scotland's Nature Agency（2020 年 8 月までは SNH ; Scottish Natural Heritage）である。
9)　理論上の正しい視距離は、カメラの焦点距離にプリントする際の倍率をかけた距離である。
10)　アメリカの土地は大きく連邦政府や州が所有する公有地とその他の民有地に分けられる。連邦政府が所有する公有地（Federal lands）は全国土の約 28% を占め、その中で最も多くの土地を管轄しているのが内務省土地管理局（BLM）で、2 番目に多いのが農務省森林局（FS）である。
11)　地理院地図参照。

参考文献

Bureau of Land Management（1986）Manual 8431−Visual Resource Contrast Rating, Bureau of Land Management.

Hurtado, J. P., Fernández, J., Parrondo, J. L., & Blanco, E.（2004）"Spanish method of visual impact evaluation in wind farms," *Renewable and Sustainable Energy Reviews*, 8 : 483−491.

Kirchhoff, T., Ramisch, K., Feucht, T., Reif, C., & Suda, M.（2022）"Visual evaluations of wind turbines : Judgments of scenic beauty or of moral desirability?" *Landscape and Urban Planning*, 226.

Knight, R.（2006）"Landscape and visual," P. Morris & R. Therivel（eds.）, *Methods of Environmental and Assessment 3rd Edition*, Routledge, 120−144.

Knight, R. & Therivel, R.（2017）"Landscape and visual," P. Morris, R. Therivel & G. Wood（eds.）, *Methods of Environmental and Social Impact Assessment 4th Edition*, Routledge, 399−431.

Kohyama, S. & Kohsaka, R.（2022）"Wind farms in contested landscapes : Procedural and scale gaps of wind power facility constructions in Japan," *Energy & Environment*.

Kohsaka, R. & Kohyama, S.（2023）" Contested renewable energy sites due to landscape and socio-ecological barriers : Comparison of wind and solar power installation cases in Japan," *Energy & Environment*, 34 : 2619−2641.

Landscape Institute（2019）"Technical Guidance Note, Visual Representation of Development Proposals," Landscape Institute.

Landscape Institute & Institute of Environmental Management and Assessment（2013）*Guidelines for Landscape and Visual Impact Assessment 3rd Edition*, Routledge.

Manchado, C., Gomez-Jauregui, V., & Otero, C.（2015）"A review on the Spanish Method of visual impact assessment of wind farms : SPM2," *Renewable and Sustainable Energy Reviews*, 49 : 756−767.

Mohammadi, M., Chen, Y., Rahman, H. M. T., & Sherren, K.（2023）“A saliency mapping approach to understanding the visual impact of wind and solar infrastructure in amenity landscapes,” *Impact Assessment and Project Appraisal*, 41 : 154–161.
Scottish Natural Heritage（2017）“Visual Representation of Wind Farms Guidance,” Scottish Natural Heritage.
Sullivan, R. G.（2021）“Assessment of Seascape, Landscape, and Visual Impacts of Offshore Wind Energy Developments on the Outer Continental Shelf of the United States,” US Department of the Interior Bureau of Ocean Energy Management Office of Renewable Energy Programs.
Sullivan, R., & Meyer, M.（2014）“Guide To Evaluating Visual Impact Assessments for Renewable Energy Projects,” National Park Service, U.S. Department of the Interior.
Torres Sibille, A. del C., Cloquell-Ballester, V.-A., Cloquell-Ballester, V.-A., & Darton, R.（2009）“Development and validation of a multicriteria indicator for the assessment of objective aesthetic impact of wind farms,” *Renewable and Sustainable Energy Reviews*, 13 : 40–66.
United States Department of Agriculture Forest Service（1995）“Landscape Aesthetics A Handbook for Scenery Management,” United States Department of Agriculture Forest Service.
University of Newcastle（2002）“Visual Assessment of Windfarms : Best Practice,” Scottish Natural Heritage Commissioned Report F01AA303A.
White Consultants（2020）“Review and Update of Seascape and Visual, Buffer study for Offshore Wind farms,” White Consultants.
Zube, E. H., Sell, J. L., & Taylor, J. G.（1982）“Landscape perception : Research, application and theory,” *Landscape Planning*, 9 : 1–33.
一般社団法人　日本環境アセスメント協会（2017）『環境アセスメント技術ガイド　生物の多様性・自然との触れ合い』環境省「平成27年度環境影響評価技術手法調査検討業務」報告書。
小野良平（2021）「造園学の対象と方法」小野良平・一ノ瀬友博編『造園学概論』朝倉書店。
加藤宏（2017）「「視覚は人間の情報入力の80%」説の来し方と行方」『筑波技術大学テクノレポート』25（1）：95–100。
環境省（2008）『環境影響評価　技術ガイド　景観』環境省。
環境省（2013）『国立・国定公園内における風力発電施設の審査に関する技術的ガイドライン』環境省。
計画段階配慮技術手法に関する検討会（2013）『計画段階環境配慮書の考え方と実務――環境アセスメント技術ガイド』環境省総合環境政策局環境影響評価課監修、成山堂書店。
神山智美・香坂玲（2022）「大規模風力発電事業の立地に関する現状と課題――貢献と受益のバランスの確立を／大切なことを選択するための地域の合意」『法と経営学研究所年報＝Annual Report of Institute for Business and Law』4：35–64。
宮脇勝（2011）「欧州ランドスケープ条約ELCの成立前後にみる「ランドスケープ」の司法上の定義に関する研究」『都市計画論文集』46（3）：205–210。
宮脇勝（2013）『ランドスケープと都市デザイン――風景計画のこれから』朝倉書店。

宮脇勝（2022）「ドイツの州発展計画とリージョンの風車ゾーニングの関係性」『日本建築学会計画系論文集』87：1259-1270。
宮脇勝・藤原磨名夢（2014）「東京スカイツリーの眺望と視覚的影響アセスメントに関する研究」『都市計画論文集』49（3）：747-752。
宮脇勝・岩田純（2015）「超高層建築物の高さに応じた視覚的影響の及ぶ範囲ZVIの推計モデルに関する研究」『都市計画論文集』50（3）：1122-1129。
宮脇勝・内田正紀（2023）「洋上風力発電施設の景観シミュレーションによる視覚的影響範囲（ZVI）と視覚的影響の大きさに関する研究」『都市計画論文集』58（3）：1562-1569。

第４章
ゲーミング・シミュレーションを用いた持続的な木質バイオマス熱利用のための地域通貨導入プロセスの設計

吉田昌幸・豊田知世

1　地域通貨を導入した木質バイオマス熱利用普及のためのシステム構築

木質バイオマスエネルギーと脱炭素

日本は国土の約７割が森林の森林大国であり、中山間地域の振興および、脱炭素の文脈においても、森林資源に対する期待は大きい。令和３年６月発表の『森林・林業基本計画』では、「林業・木材産業が内包する持続性を高めながら成長発展させ、人々が森林の発揮する多面的機能の恩恵を享受できるようにすることを通じて、社会経済生活の向上とカーボンニュートラルに寄与する「グリーン成長」を実現すること」が示された。森林には木材を適用する機能のほか、二酸化炭素（CO_2）を吸収し酸素を供給する機能、水を育む機能、土砂流出を防ぐ機能、生物多様性を維持する機能など、様々な機能があり、そのうちの一つに木質バイオマスエネルギーとして熱や電気も作ることができるため、再生可能エネルギー（再エネ）としても着目されている。

木質エネルギーは、太陽光発電や風力発電と異なり、安定的にエネルギーを供給することができる。また、林業振興にも寄与することからも、電力固

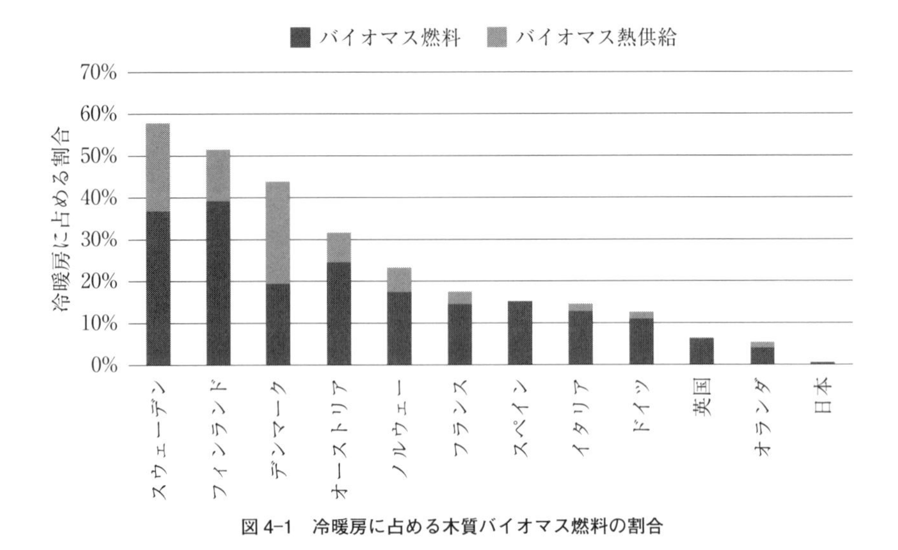

図4-1　冷暖房に占める木質バイオマス燃料の割合

定価格買取制度（FIT）では買取価格が高く設定されており、電気エネルギー源として全国的に木材を燃料に電気を作る木質バイオマス発電施設が急増している。木材には多くのエネルギーが含まれており、木材3～4kgで灯油1リットルほどの熱量を得ることができる（水分立40%、低位発熱量）。しかし、木が持っているエネルギーの70～85%は熱のエネルギーであるため、発電にしか利用しなければ、木が持っているエネルギーの3割も利用できていない。FITによって全国的に急増した木質バイオマス発電施設の多くは、発電のみを目的としており、熱エネルギーが利用されず捨てられてしまっている。そもそも、日本の最終エネルギー消費全体での電熱比は、電力40%、熱60%と電力より圧倒的に熱が多いが、熱利用を促進するための有効な政策がないため、化石燃料と競合し、普及していない。図4-1は冷暖房に占めるバイオマス燃料の割合を示しているが、日本ではほとんど木質バイオマス熱供給の普及が進んでいないことが分かる。

木質バイオマス熱普及の課題

木質バイオマスの熱を活用する場合、パイプで熱を運ぶことのできる距離はせいぜい2kmであり、薪やペレットも長距離輸送する場合は、その分コストもかかりCO_2も排出されるため、近くの山の木質バイオマスを用いる小規模分散型のエネルギーを活用するシステムを構築することが鍵となる。

木質バイオマス熱を普及させるための政策導入の先行事例の一つに、イギリスの熱FIT制度「再生可能な熱への助成策（Renewable Heat Incentive, RHI）」がある。これは、再生可能な熱の生産コストと、化石燃料による熱生産のコストの差を政府の補助金で埋めることに重点が置かれており、この熱FIT制度によって、イギリスの非家庭用のバイオマスボイラ導入が急増した。約1万5000施設に助成され、助成による熱生産は合計1.28TWh、熱容量は合計330万kWに達するなど、熱FIT制度による効果が確認される。一方日本では、木質バイオマス熱利用促進支援制度として、主に燃焼機器への補助金による誘導が行われてきたが、木質バイオマス熱利用設備の導入台数は2014年以降2000台前後と横ばいで推移している。しかも、特に農業など産業利用の燃焼施設は、化石燃料費の下落時に化石燃料に切り替えられており、安定した木質燃料の需要が確保できなかった。

木質バイオマス熱利用を取り入れた社会システムの構築

木質バイオマスを薪やチップ、ペレットに加工し、熱エネルギーとして活用することは、林業や加工業、エネルギー部門を横断した地域経済の循環効果（経済）だけではなく、地域住民が木質資源活用の地域循環過程に参加することで良好な社会関係資本を構築する効果や、小規模分散型のエネルギーシステム構築によるレジリエンス強化の効果（社会）が期待されており、加えて森林保全や脱炭素（環境）にも大きく寄与できる（山崎ほか 2021；山崎ほか 2023）。これまでは木質バイオマス熱利用による地域社会経済全体の効果を評価したり、木質バイオマス熱が普及するシステムの構築に関する研究がされていなかったりしたため、筆者らはRISTEXの研究テーマとして「木質バイオマス熱エネルギーと地域通貨の活用による環境循環と社会共生に向けた政策提案」というプロジェクトを立て、木質バイオマス熱利用による地域全体のメリットを見える化し、木質バイオマス熱普及にインセンティブを与える手段として、地域通貨を活用した政策提案を行っている。

このプロジェクトの特徴の一つは、地域通貨を含めていることである。地域通貨は、単にモノ・サービスの取引手段だけでなく、新たな関係を生み出し、また共有価値にあわせて関係性を再編成できる役割を持っている（泉・中里 2023）。木質バイオマスの熱を活用するためには、山から木材を切り出す人、それを加工する人、そして流通させて使う人、など山に関わる複数のステークホルダーの参加が必要となる。そのため、これらのステークホルダーをつなげる役割として、地域通貨を導入しつつ、木質バイオマス熱を普及させるプロジェクトを展開している。

2　地域通貨を活用した木質バイオマス資源の活用スキーム

「木の駅」プロジェクトの経緯

「木の駅」プロジェクトとは、森林整備と地域経済の活性化を目的として行われている事業であり、2019 年末時点で全国 74 カ所で行われ、そのうち 55 カ所において地域通貨が用いられている（泉・中里 2021）。この仕組みは、自伐型林業の担い手の育成と地域経済の活性化を目的に NPO 法人土佐の森・救援隊が発行した地域通貨モリ券に原型があり、2009 年に丹羽健司氏がモリ券の仕組みを「木の駅」という名で標準化したことから始まっている。

その仕組みは、木の駅実行委員会が間伐材等の搬出作業などに地域通貨を支払い、受け取った地域通貨が地元の登録商店で活用できるものであり、搬入された間伐材等は買取業者に販売されて、実行委員会が対価を受け取り、地域通貨の原資とするものである（泉・中里 2021）。

「木の駅」プロジェクトの現状と課題

このような「木の駅」プロジェクトの状況は、「木の駅プロジェクト・ポータルサイト[1]」内に掲載されている「木の駅センサス 2019」に詳しく掲載されている。この調査を行った、泉留維と中里裕美によれば、2019 年 12

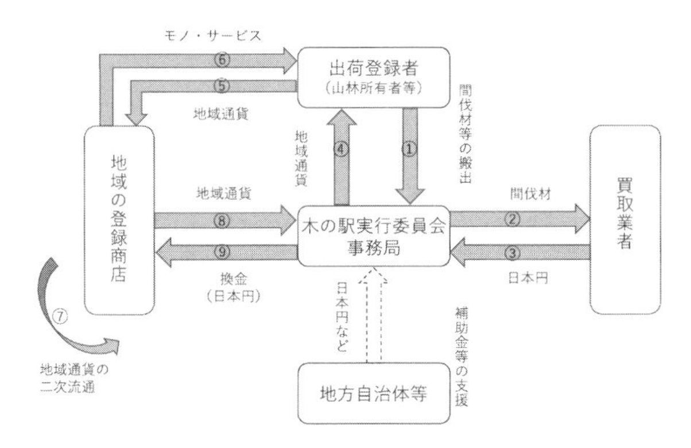

図 4-2 「木の駅」の仕組み

出典：泉・中里（2021）

月時点において商品券タイプの「木の駅」が全国で 19 カ所、地域通貨タイプの「木の駅」が 55 カ所ある。地域通貨タイプの「木の駅」40 団体の材出荷総量は、2018 年で 1.17 万トン、発行された地域通貨総額は約 6500 万円分である（泉・中里 2021）。

この「木の駅」プロジェクトの課題として、泉・中里は以下の 3 点をあげている。第一に、木の駅で集められた間伐材を買い取る価格の方が集めた間伐材を業者へ売却する価格よりも高く設定することで生じる逆ざや問題である。この逆ざやは補助金や自団体の収益事業などによって補填されている。第二の課題は、二次流通不足という問題である。2018 年時点で平均回転率が 1.24 となっており、多くの地域通貨が商品券のように商店で活用されてすぐに換金されるという状況になっている。「即現金化することの問題点を知ってもらう意識改革、一定回数以上使用されていないと換金の際に手数料を徴収する、逆に一定回数以上使用すると特典があるなどの工夫が必要」（泉・中里 2021：162）という指摘がなされている。そして、第三の課題が、間伐材等を搬出する担い手の不足である。1 団体あたりの実出荷者数の平均が 22 人と少なく、自伐隣家の育成によって担い手の数を増やしていくか、より多様な地域通貨発行方法を模索する方法もあると指摘している。

表 4-1　デジタル地域通貨を用いた「森に関わる人」たちのゆるい連携

森への関与度合い	森林のステークホルダー	デジタル地域通貨の入手方法
高い	木質バイオマス熱資源の提供者	作業時間や提供した森林資源の重量・残材をチップや薪に加工した重量に応じて入手
	木質バイオマス熱資源の利用者	薪やチップ、木質バイオマス熱による電力の購入量の一定割合（例えば、10%）を入手
	地元商店	地元商店の利用者から入手
	地元自治体	自治体が提供するサービスの対価として入手
低い	他地域住民 都市部住民	自らが支援したい取り組みをしている発行組織への寄付により入手

デジタル地域通貨を活用した木質バイオマス資源の活用スキーム

本研究で導入を検討している地域通貨では、従来の「木の駅」の地域通貨流通経路に加えて、木質バイオマスの熱エネルギーの利用者（薪、チップ、発電等）や自治体なども加えて、木質バイオマス熱利用による循環経済の構築を目指すものであり、地域外の住民も利用できるようにすることで、地域の森林資源の関係人口を構築することをも目指している（表 4-1）。

従来の「木の駅」の枠組みでは、木質バイオマス熱資源の提供者のみが地域通貨を獲得し、それを地元商店で活用するというスキームで二次流通や地域通貨を受け取る者の数が限られるという課題があった。それゆえ、このスキームでは、木質バイオマス熱資源の利用者に対しても利用に応じて地域通貨を受け取れたり、地元の自治体が提供するサービスにおいて利用できたりすることによって、これらの課題を解決していくことを想定している。さらに、他地域の住民や都市部の住民も発行組織への寄付などができるスキームを置くことによって、関与度の高い人から低い人まで幅広く森林に関わる環境を作ることができる。

このスキームを実現するためには、アナログではなくデジタル地域通貨が有効であるが、地域通貨についてもアナログ、デジタル含めて多様な形式があり、そのスキームも異なっている。そこで、次に、そもそも日本においてどのようなタイプの地域通貨が発行されてきたのか、そして木質バイオマス熱エネルギー活用を持続的に行っていける環境に適合した地域通貨の形式がどのようなものなのかについて見ていく。

3 「地域通貨」の変遷と導入時における合意形成の重要性

「地域通貨」の変遷

地域通貨とは、特定の地域やコミュニティ内部で流通するように、任意の組織や団体でデザインされ、発行された通貨のことをいう。法定通貨とは、発行主体や流通範囲、貨幣としての機能などの点から比較される（表4-2）。そして、その発行形態も紙幣型、通帳型、ICカード型、オンライン型、デジタル・チャージ型など多様であり、2016年段階でこれまで日本では約800の地域通貨が発行されてきたことが確認されており、発行形式としては多い順に、紙幣型、通帳型、オンライン決済型、ICカード型、債務証書型となっている（Kobayashi, Miyazaki and Yoshida 2020）。以下では、調査時の発行形態の約87%を占める紙幣型、通帳型、そして調査後の2016年以降急激に増加しているデジタル・チャージ型についてその流通形態を確認する。

図4-3は紙幣型とデジタル・チャージ型の流通形態である。両者は発行組織がボランティアなどの対価あるいは利用者が法定通貨と換金する形で発行する集中発行型である（図4-3の①と②）点で共通している。受け取った地域通貨を転々流通させていくことによって（図4-3③〜⑧）、発行された紙幣×回転数によって利用総額が決定されることになる（フローとしての貨幣）。一方、多くの場合、指定された事業者は発行組織で円に変換するので、発行組織は発行量（ストックとしての貨幣）に相当する資金を担保しておく必要がある。したがって、発行された地域通貨が一度利用されて（図4-3①〜④）すぐにBが換金することが常態化すれば、商品券と変わらない。この仕組みは、デジタル・チャージ型の地域通貨も同様である。

もう一つの通帳型[2)]は、各自に残高0の通帳を配布し、取引に応じて各自の通帳から地域通貨を発生させる仕組みである。取引ごとに支払者の通帳か

表 4-2　地域通貨と法定通貨の違い

	法定通貨（円、ドルなど）	地域通貨
発行主体	中央銀行等	自治体、民間組織、企業等
流通	一国全域	限定
貨幣の機能	交換、価値尺度、富の貯蔵	交換、価値尺度

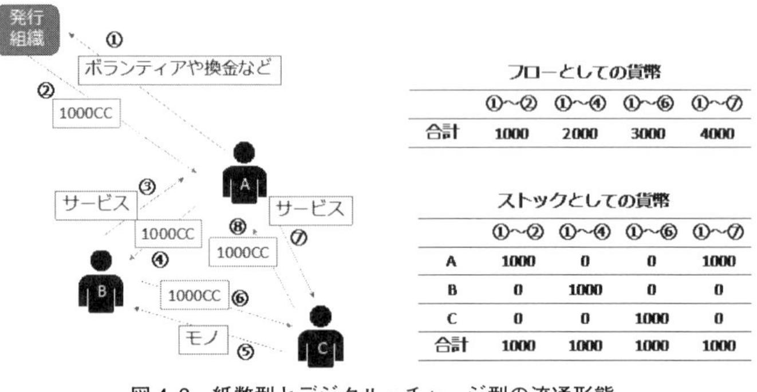

図 4-3　紙幣型とデジタル・チャージ型の流通形態

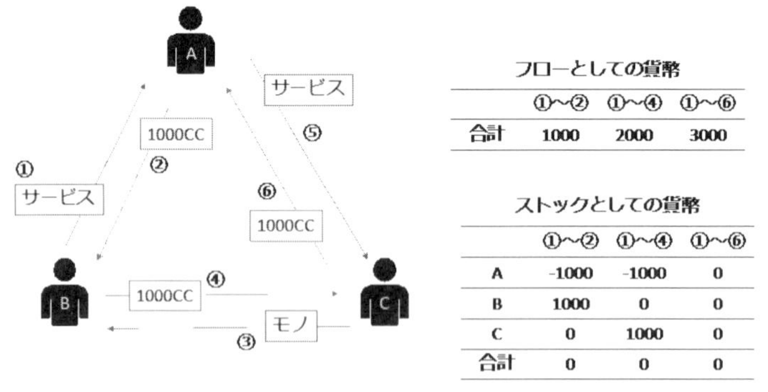

図 4-4　通帳型の流通形態

ら地域通貨がひきだされる（図 4-4 ②、④、⑥）が、全ての参加者の口座残高の合計（図 4-4 ストックとしての貨幣）はゼロとなり、発行組織による貨幣発行量の調整が不要となる。この通貨は、円との換金は行わず、モノやサービスの交換を促すためのシステムである。具体的には、B からサービスを受けて 1000CC の赤字となった A（図 4-3 ①、②）は、この通貨の参加者の誰かに 1000CC に相当するサービスを提供すること（図 4-3 ⑤、⑥）で赤字分が解消される。この通貨の参加者全体のコミュニティに対する信用に基づいて取引がなされており、これがこの通帳型の最も大きな特徴である。

地域通貨活用を促すインセンティブ

このような地域通貨は、いずれの形態であろうと法定通貨と比べて利用のインセンティブが低く「弱い」通貨といってもいい。それゆえ、多くの場合、発行に当たって、何らかのインセンティブを加えることで利用を促すことになる。日本の地域通貨の多くは、円との換金で地域通貨を発行する際にプレミアムをつけて発行することが多い。しかし、この金銭的なインセンティブは、発行組織や参加している商店などの費用負担が必要であり、大規模な商店街などがない地域では負担感が大きく、補助金なしには持続しない。持続的に活用されていくためには、個々の利用者が自ら地域通貨の使用習慣を身につけられるスキームをおくことが非常に重要となる。

小林重人・吉田昌幸・橋本敬は、地域通貨の自律的な循環のためには、「地域通貨の使用がさらにその使用を促すといったポジティブ・フィードバック」（小林・吉田・橋本 2013：1）を流通スキームに組み込むことが重要であると指摘しており、ゲーミングとマルチエージェントシミュレーションによって、流通メカニズムの検討を行っている。それによれば、プレミアムをつけて流通をはじめた地域通貨が途中から（図4-5では、3000ターンの後）プレミアムを切った場合、有償ボランティアも一緒に地域通貨で取引を行っている場合、2～3割の水準で地域通貨の使用習慣が残る（図4-5右図）が、有償ボランティアを組み込んでいない場合、プレミアムを切ると地域通貨の使用習慣はほぼなくなってしまう（図4-5左図）。

ここで示されることは、地域通貨を自律的に循環させるためには、有償ボランティアが必要ということではない。このシミュレーションにおいて、有償ボランティアは地域重視の価値観や地域通貨を使用する習慣という住民の内部ルールの形成に関わる要因として位置づけられている。重要なのは、発行組織自体が実行可能な政策（プレミアムの付与等）に加えて、利用者が地域通貨の使用を習慣化するという要因を流通スキームに含めるということで

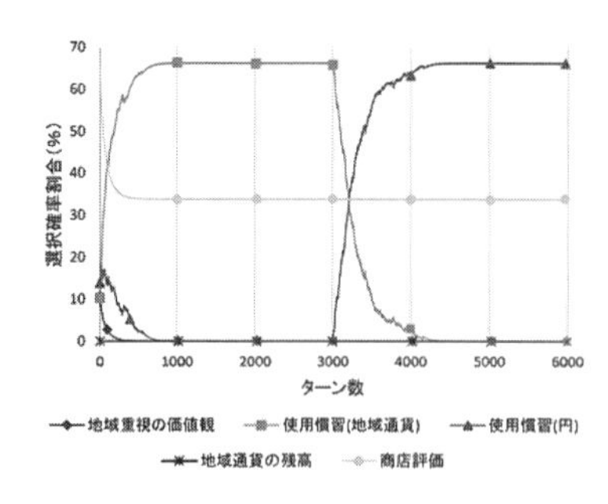

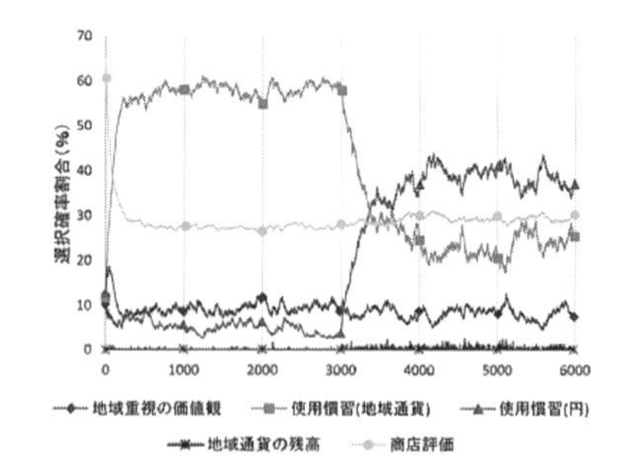

図 4-5　プレミアムと地域通貨の使用習慣（左図有償ボランティアなし、右図有償ボランティアあり）

出典：小林・吉田・橋本（2013）

ある。

地域通貨導入時における合意形成の重要性

このように、地域通貨は金銭的なインセンティブのみでは自律的な循環は難しい。それゆえ、地域通貨を発行することによって何を実現したいのか、発行によって達成したい目的は何か、といった発行理念に関する事項について特に発行組織のメンバーや流通に関わる主たる利害関係者との間で合意を形成することが重要となる。そして、その合意形成をしていくうえでの第一歩が体験の共有化である。

上述したように、地域通貨には様々な形態がありそれぞれ流通の特性が異なっている。地域通貨の導入を検討している団体や組織は、多くの場合先行して導入している地域を視察したり、発行組織にインタビューなどを行ったりしながら、地域通貨の流通において重要な点を学んでいく。それゆえ、各自が学んできた地域通貨が正しいものとして認識しがちであり、議論がかみ合わないことになるおそれがある（図 4-6 左）。そこで、様々な地域通貨を学んできた地域のリーダー間で地域通貨の使用に関する経験を共有することが重要となる。これによって、それぞれが学んできた地域通貨の形態を相対化して、真に自分たちの地域にとってどのような地域通貨が望ましいのかについて違いを前提に議論をしていくことができる（図 4-6 右）。

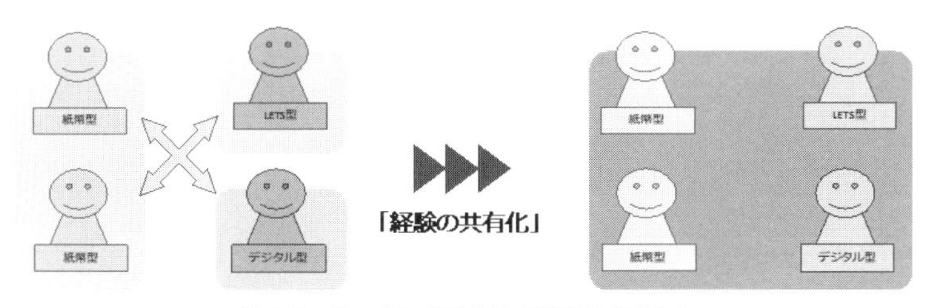

図 4-6　ゲーミングによる「経験の共有化」

4　ゲーミング・シミュレーションを用いた導入プロセスの設計

「地域通貨ゲーム」

ゲーミング・シミュレーションとは、特定の利得関係のもとでプレイヤー同士の動的相互作用をもたらすゲーミングと、特定の社会・経済状況をモデル化して模倣するシミュレーションの双方の特徴を持つ、プレイヤーの利得関係や意思決定の中にモデル化した社会・経済状況を組み入れたゲーミングのことである[3]。「地域通貨」をシステムとして理解する手法として開発したのが「地域通貨ゲーム」である。このゲームは、参加者が特定の地域の住民となり、商品やサービス、ボランティアなどのやりとりをしていきながら、地域通貨を導入することで、地域内の経済や社会の様子がどのように変容していくのかを体験するゲームである[4]。山形県最上(もがみ)町で木質バイオマス熱利用を促進させる持続的な仕組みとしてのデジタル地域通貨の導入を考えるために、今回、サラリーマン、工芸品工房、旅館、飲食店、喫茶店の五つの役割をおき、それぞれが地域内外で商品・サービスの売買、地域コミュニティ内での困りごとの解決、森林ボランティアの実施、それぞれの冷暖房等のエネルギー源の選択などを行うゲームを作成している（図 4-7 参照）。

ゲーム上で、参加者は五つの役割をチームで担い、その他の木質バイオマス資源活用団体や村外にある銀行や大型スーパー、村外住民などはファシリテーター側が行う。参加者は、主に以下の 3 点について意思決定を行うことになる。

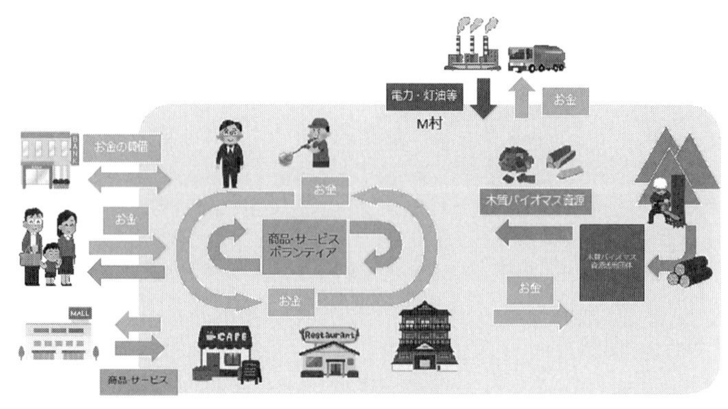

図 4-7　地域通貨ゲームのフロー

第一に、村内外で販売されている商品やサービスをどちらで買うかどうかについて決めなければならない。ゲームでは1ターンにつき三つの商品やサービスの購入が必要となる。その構成はあらかじめ配布されている商品・サービスの購入リストの中からサイコロで決定される。村内外で販売されている商品やサービスの価格は村外の大型スーパーの方が安く設定されており、参加者はそれぞれの立場からどちらで買うか選択しなければならない。第二に、参加者が担う役割はこれもサイコロによって1ターンにつき一つ困りごとが発生することがある（例えば、子供の世話をしてほしいなど）。この困りごとを解決できるスキルを持っている役割はあらかじめ決まっており、依頼された際にそれをボランティアで解決させてあげるかどうかを決めなければならない。また、これとは別に木質バイオマスの資源を山から運び出すボランティアも木質バイオマス利用促進団体が募集している。いずれもボランティアを行うと、次のターンの村外からの収入が減少する。そして、第三に各役割は毎ターン光熱費を支払う必要がある。その際、村外からの電力や灯油などを購入するか、村内の木質バイオマス熱資源を購入するかを選択する。木質バイオマスを選ぶためには初期費用がかかるだけでなく割高である。

このような状況の中で、はじめの2ターンを円のみで取引をしていき、後半の3ターンに地域通貨を導入して円と地域通貨をもちいて取引を行う。地域通貨は、Com-Pay[5]を活用し、通帳型を採用している。単位はMOKU（1 MOKU＝1円に相当）とし、各役割で赤字の上限額を1万5000MOKUとした。

MOKUと円は互いに換金できない。取引する際には、それぞれの役割に与えられているQRコードを読み取り支払を行う。赤字の上限を超えてしまった場合、支払ができなくなり、ゲームの中ではその場合不足分を円で支払うこととした。

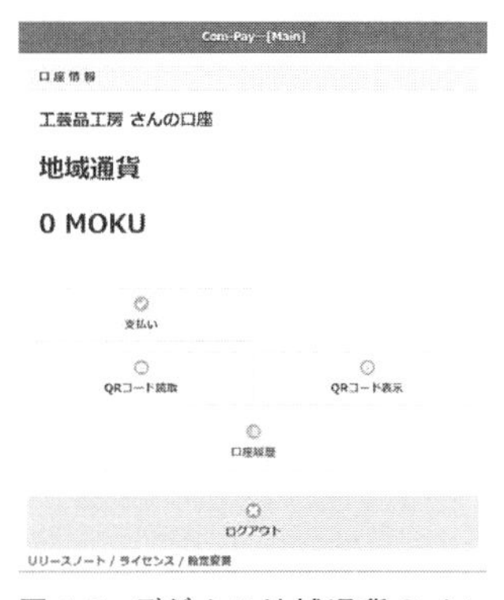

図4-8　デジタル地域通貨のインターフェイス

2023年9月26日にデジタル地域通貨の導入を検討している山形県最上町において、地域住民11名とRISTEXの研究グループの7名で地域通貨ゲームを実施した。実施時間は2時間で、ゲーム後に30分、ゲーム上で地域通貨を導入した後の変化について地域経済、地域内の助け合い、木質バイオマス熱利用の3点から振り返りを行った。あわせて、デジタルの通帳型の地域通貨についての議論も行った。

「地域通貨ゲーム」後の地域通貨導入プロセス

地域通貨ゲームによって共通体験を共有した後には、図4-9に示すプロセスで地域通貨の導入を進めていく。はじめに行うのは、当該地域の商業や相互扶助、木質バイオマスの熱利用、公共サービスのどのような場面で地域通貨が活用できるのか、地域通貨の体験者を中心に多くのアイデアを出し、それらをもとに流通経路を構築していく作業である。ここで出てきたアイデアをもとに利用者にどのような形で地域通貨の使用習慣を形成するかについての様々な仕掛けなどもここで議論をしていく。発行組織づくりは、その後、関連する利害関係者を中心に組織化していき、発行組織全体で共通のゴールを策定し、発行理念を共有していく。その後、流通実証実験を行い、流通実験の検証をもとに課題や成果を明らかにし、本格導入をするかどうかを決定していく。

このような過程は、地域住民のみで行うのは難しく、特にデジタル地域通貨を導入していくにあたっては、地域住民や、そのリーダーと研究者が協同

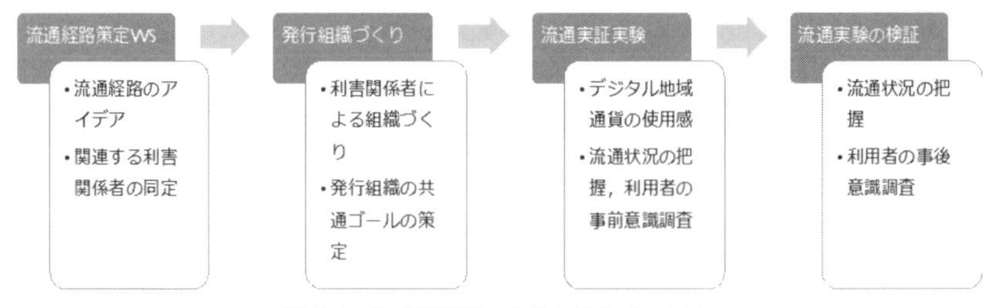

図 4-9　地域通貨ゲーム後の導入プロセス

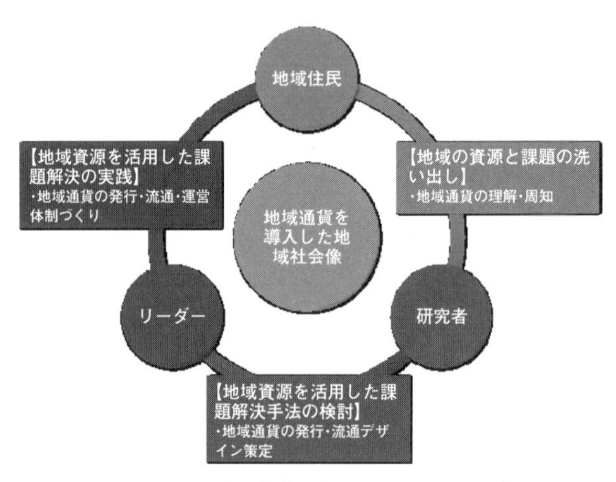

図 4-10　地域通貨導入段階における協同関係

出典　吉田（2012）

して導入プロセスを遂行していくことが必要となる。そしてこの地域住民、リーダー、研究者の三者による協同体制の構築においても、地域通貨ゲームは共通体験を提供するメディアとして有益である。図 4-10 に示したようなそれぞれが抱く「正当な地域通貨」を前提とする議論はこの関係でも起こりうる。

特に研究者がリーダーや地域住民に「正当な地域通貨」を上から押しつけることになると、地域住民やリーダーが思う違和感を地域通貨への理解不足として処理されてしまい、「地域通貨を導入した地域社会像」を共有することが難しくなる。地域通貨ゲームを三者で行いながら、三者で「ふさわしい地域通貨」を構築していくことが求められる。

注

1）　木の駅プロジェクト・ポータルサイト　http://kinoeki.org
2）　通帳型の地域通貨は、相互信用方式や LETS（Local Exchange and Trading System）などと呼ばれることもある。
3）　ゲーミング・シミュレーションはほかにもシミュレーション＆ゲーミング、S&G などと表記されることもある。ゲーミング・シミュレーションについては、Duke（1974）、Greenblat（1988）、新井ほか（1998）、兼田（2005）なども参照のこと。
4）　地域通貨ゲームを用いた研究については、吉田（2012）、吉田・小林（2014）（2016）、Yoshida and Kobayashi（2018）なども参照のこと。
5）　Com-Pay は、藤原正幸（九州工業大学）、小林重人（札幌市立大学）によって開発された決済システムである。Fujiwara & Kobayashi（2019）を参照のこと。

参考文献

Duke, Richard.（1974）*Gaming: The Future's Language*, Sage Publications.（中村美枝子・市川新訳『ゲーミングシミュレーション――未来との対話』アスキー出版社、2001 年）

Fujiwara, M. & Kobayashi, S.（2019）"Development of Digital Community Currency for Enhancing Contribution Consciousness to Local Community," *Proc. 5th Biennial RAMICS International Congress in Japan*, 1095–1096.

Gleenblat, Cathy.（1988）*Designing Gaming and Simulation: an Illustrated Handbook*, Sage Publications.（新井潔・兼田敏之訳『ゲーミング・シミュレーション作法』共立出版、1994 年）

Kobayashi, S, Miyazaki, Y and Yoshida, M（2020）"Historical transition of community currencies in Japan," *International Journal of Community Currency Research*, 24（Winter）: 1–10.

Yoshida, M and Kobayashi, S（2018）"Using Simulation and Gaming to Design a Community Currency System," *International Journal of Community Currency Research*, 22（Winter）: 132–144.

新井潔・出口弘・兼田敏之・加藤文俊・中村美枝子（1998）『ゲーミングシミュレーション』日科技連出版社。

泉留維・中里裕美（2021）「木の駅センサスから見えてきた日本の地域通貨の新潮流」『専修経済学論集』55（3）：153–165。

泉留維・中里裕美（2023）「コロナ禍における日本の地域通貨について――2021 年稼働調査から見えてきたもの」『専修経済学論集』57（3）：23–40。

兼田敏之（2005）『社会デザインのシミュレーション＆ゲーミング』共立出版。

小林重人・吉田昌幸・橋本敬（2013）「ゲーミングとマルチエージェントシミュレーションによる地域通貨流通メカニズムの検討」『シミュレーション＆ゲーミング』23（2）：1–11。

山﨑慶太ほか（2021）「木質バイオマスエネルギーを活用した持続可能な地域循環システムを促進する社会・経済的取組」『環境情報科学』50（2）：101–110。

山﨑慶太ほか（2023）「木質バイオマスエネルギーの活用による脱炭素と経済波及効果の評価」『環境情報科学』52（1）：115。

吉田昌幸（2012）「中山間地域における地域通貨導入過程における課題とその解決手法の

設計」『上越社会研究』27：31-40。
吉田昌幸・小林重人（2014）「地域通貨の使用経験がもたらす行動・意識の変容――ゲーミング・シミュレーションを用いた検討」『経済社会学会年報』36：67-80。
吉田昌幸・小林重人（2016）「地域通貨の発行形態に応じた利用者の意識・行動分析――ゲーミング・シミュレーションを用いた検討」『経済社会学会年報』38：144-160。

第5章
未来の担い手を仮想した議論と合意形成

フューチャー・デザインの試行より

中川善典・高取千佳・謝知秋・香坂玲

我が国の多くの農山村地域において、人口減少や高齢化が進んでいる。このことは、今国内に存在する集落や農地の利用範囲が今後数十年の間にかなり減少せざるをえないという前提に立って、それぞれの地域に住む人たちが自分たちの未来を考え、合意を形成してゆかねばならないことを意味する。しかし、これは「現在管理している土地のうちどれを残し、どれを放棄するか」という後ろ向きのイメージの付きまとう問題として定式化されがちであり、合意形成が難しいばかりか、そもそもその問題について地域のみんなで議論しようというモチベーションすら湧きにくい。結果、議論を避けたり、先送りとなりがちで、将来を見通したり、科学や戦略に基づいた活動や構想に結びつきづらい。本章では、このような問題にフューチャー・デザインという方法論が貢献できるかどうかを検討する。フューチャー・デザインとは、簡単にいえば、今の時代に住む私たちが、仮想将来人になりきって、未来の社会の姿や、そのなかで私たちが幸せに生きようとしながら暮らしている姿を描く方法である。私たちはこれを三重県松阪市飯高地域に適用した。その結果を本章で報告する。

1　なぜ合意形成が困難なのか

目を背けたい将来予想

序章では、全国の自治体の人口の再生産の可能性に関し、平成26年公開のいわゆる「増田レポート」への言及があった。それを裏付けるかのように、その数年後に公開された国立社会保障・人口問題研究所の「日本の将来推計人口」（平成29年推計）においても、我が国の人口は2008年に1億2808万人のピークを迎えたが、今後は人口減少が進み、ピーク時と比べて2050年には2割以上減少すると推計されている。また、65歳以上の高齢化率は、同じ期間に27%から37%まで上昇し、並行して労働人口の割合が減少してゆくと推計されている。このことは、今国内で使われている集落や農地の利用範囲が今後数十年の間にかなり減少せざるをえないという前提に立って、それぞれの地域に住む人たちが自分たちの未来を考え、合意を形成してゆかねばならないことを意味する。

比較的正確に予測される将来の推計人口に比して、合意形成はほとんどの場合、非常に難しい作業になる。理由はいくつか存在する。第一に、未来はいつも不確実で予測不可能だとはよく言われる一方で、人口減少や高齢化率の上昇によって、今後私たちが利用できる土地が減少してしまうことは、例外的にほとんど疑いようのない将来予測である。それでも、今年や来年に土地管理の担い手が突然消滅するわけではない。だから、「地域の土地利用の在り方を考えねば」と思いつつも、なかなかそれを実行に移す気持ちになれないのだ。

第二の理由は、人口減少によって集落や農地の利用範囲をどのように縮小させていくのがよいかという問いには、後ろ向きのネガティブなニュアンスが付きまとうというものだ。例えば、料理を作るのが楽しみだという人は多いが、料理を終え、出来上がったものを食べ終えたあとの後片付けが楽しみだという人は、あまりいない。新品の電気製品が並ぶ家電量販店には華やかな雰囲気があるが、寿命を終えた製品が道路で濡れながら回収されるのを待つ光景には、なんとも言えない寂しさがある。人は、何かを始めるときには前向きな気落ちになれるが、それを終えるときには、どうしても後ろ向きの気持ちになってしまい、モチベーションが湧いてこない。

バック・エンド・プロジェクト

第二の理由の箇所で、何かを始める企てと、それを終える企てとの区別について言及した。学術的には、前者はフロント・エンド・プロジェクト、後者はバック・エンド・プロジェクトと呼ばれることがある。どんなプロジェクトにも始まりと終わりがあるので、世の中には前者のプロジェクトと後者のプロジェクトとがほぼ同じ数だけ存在しているはずである。だから、前者を研究する学者と後者を研究する学者が同じ数だけ存在してもよさそうなものである。しかし、実際には後者の研究をしてくれている学者は非常に少ないのが現状である。その例外ともいえる貴重な論文を、ここで紹介したい。イギリス・リーズ大学の教授であるジョルジオ・ロカテリが2021年に発表した論文である（Locatelli 2021）。

彼が「バック・エンド・プロジェクト」という用語によってカバーしようとしたのは、寿命を超えたインフラストラクチャー（道路、鉄道、エネルギー発電所、政府所有の公共施設など、社会の機能に必要な基本的な設備）の廃止や、市場から危険な薬物を引き離したり、悪意のあるソフトウェアを排除したりするなどの活動である。そして、彼はこのようなプロジェクトを上手に管理するためのいくつかの提言をしてくれている。そのなかには、組織のマネージャーやプロジェクトリーダーが適切なマネージメント文化を確立すべきだというものが含まれている。具体的には、彼は、アメリカのロッキーフラッツ軍事核兵器施設の廃止プロジェクトが成功した要因を取り上げつつ、廃止のコストを将来世代に先送りしないようにするという文化が組織の中で共有される必要性を説いている。このような文化が共有されない組織では、仮にプロジェクトに長い年数がかかるとすると「100年後に廃止するのか？私はそのころにはもう死んでいるだろう！」といった発言が飛び出してしまうのである（Locatelli 2021：177）。

未来人の立場に立ってみる

明治時代に本州から北海道へと渡った人たちが国土を開拓しようとしたときのように、人間の利用する土地を広げようとするプロジェクトをフロント・エンド・プロジェクトと呼ぶならば、人口減少時代における地域の土地利用の在り方を考え、それを実行に移してゆくプロジェクトは、バック・エンド・プロジェクトと呼んでもよいだろう。地域の中で、そのようなプロジェクトを積極的に実施してゆこうという文化を醸成してゆくことは、簡単ではない。そこで、私たちは、フューチャー・デザインという手法を使い、地域の人が未来人になったつもりで地域の未来を想像し、現在の私たちにメッセージを送るという試みが、こうした文化の醸成に繋がるのではないかと思い、研究を実践してきた。

後述するように、フューチャー・デザインは、私たちが自分自身の近視眼性を打破して、長期的な視点で将来世代の利益に資するビジョンを創造的に描くことに適した手法である。序章では、「時間の視点をずらす」という表現をしている。政策研究大学院大学政策研究院に事務局を置く「将来世代のための農村地域における土地制度のあり方に関する研究会」が令和４年２月に公表した報告書においても、各種の土地利用や地域づくり等の計画策定において、将来世代も含めた世代間を越える長期的視点に立った計画づくりをすることが必要であると述べられており、その文脈においてフューチャー・デザインの方法論への言及もなされている。

人口減少時代において、地域の土地利用の在り方を中心とする様々な事柄の決定を先送りしたくなるという集団的な傾向がある。フューチャー・デザインという方法によって、この行為に前向きな意味を付与し、戦略的ダウンサイジングの機運を高めてゆくことは可能なのだろうか。本章を通じて、この問いに答えてゆきたい。

2　飯高地域（三重県松阪市）の未来

飯高地区とは

1956年、三重県飯南郡の①宮前村・②森村・③川俣村・④波瀬村が合併して、飯高町が発足した。その飯高町は2005年のいわゆる平成の大合併によって松阪市と合併するまで、およそ半世紀にわたって存続した行政区分である。本章では、旧飯高町を構成していた①〜④の4地区を合わせて、飯高地域と呼ぶことにする。

飯高町が松阪市と合併した2005年当時、飯高地域の人口は約5000人であった。この数字は現状（2020年）で3163人にまで減少した。図5-1は、飯高地域の各メッシュにおける人口密度を示す（一つのメッシュは570メートル×440メートルの長方形である）。この人口減少傾向は今後も続き、国土交通省国土数値情報のデータに基づくと、2050年には1669人になると予想されている（表5-1）。この表には、地区ごとの2020年から2050年までの人口の減少の様子も示されている。

では、1669人程度にまで減少するであろう2050年の飯高地域全体の人口は、地区全体の中でどのように分布しているだろうか。私たちは、それについて、三つのシナリオを設定し、その内容を可視化することとした。

シナリオA　現状維持型の人口分布

第一のシナリオは、図5-1で示したそれぞれのメッシュの中の人口が、一定の比率で減少してゆくとした場合に実現する人口分布である。すなわち、3163人（2020年）から1669人（2050年）へと、人口は約53％減少するが、この減少がすべてのメッシュにおいて一律に進行するという仮定が採用されている。飯高地域が将来の人口分布や土地利用の在り方について、意図的なコントロールがなされない場合、このシナリオに近い人口分布が実現することになるだろう。その意味で、このシナリオは現状維持型のシナリオである。

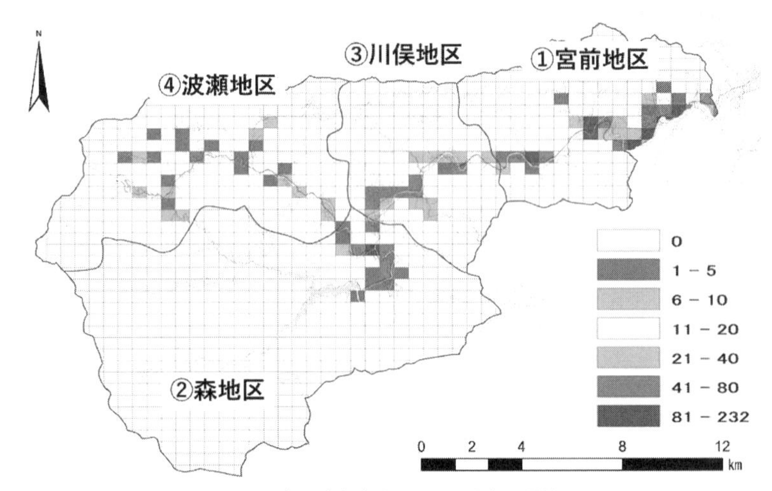

図 5-1　松阪市飯高地区の人口分布の現状

表 5-1　飯高各地域内の人口（単位：人）

	①宮前	②森	③川俣	④波瀬	総計
2020 年（実績）	1947	498	674	439	3163
2050 年（シナリオ A）	1129	189	247	104	1669
2050 年（シナリオ B）	1669	0	0	0	1669
2050 年（シナリオ C）	762	279	408	220	1669

以上の前提のもとに出来上がった人口分布を図 5-2（上）に示す。

シナリオ B　道の駅への集中型の人口分布

第二のシナリオは、やや大胆な仮定に基づいている。シナリオ A の下では、宮前地区内の全てのメッシュにおいて人口密度が約 53% 減少する。これは、少ない人口によって 2020 年時点の集落をそのまま維持することを意味しており、いわゆる「ポツンと一軒家」のような住居が多くの場所で発生

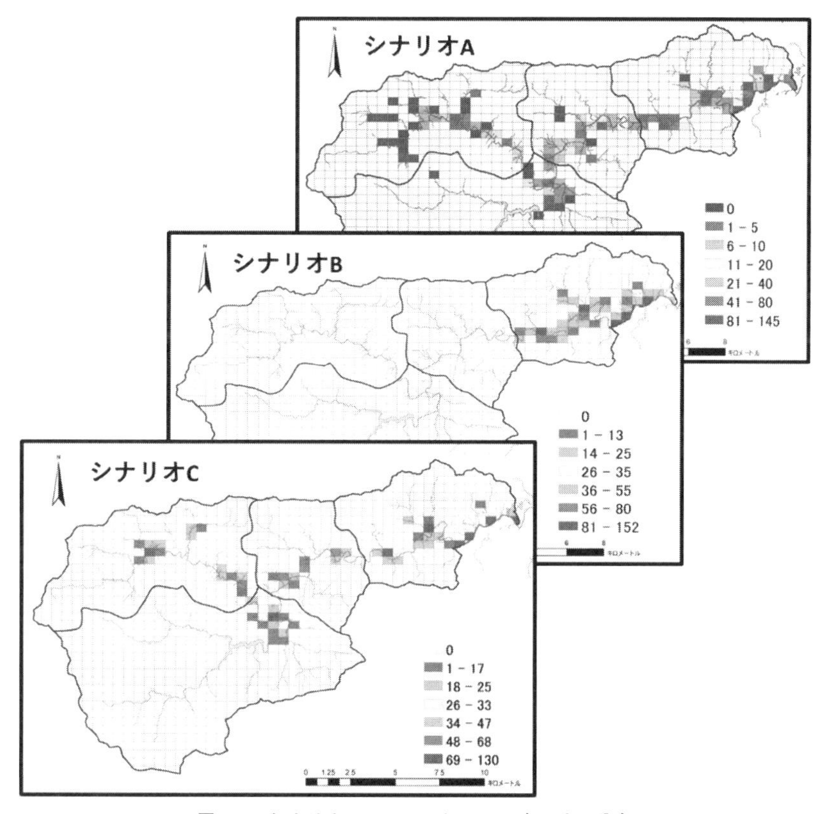

図 5-2　シナリオ A～C における 2050 年の人口分布

することを意味する。このシナリオの下では、近隣の世帯同士のコミュニケーションで助け合うことが難しくなる。また、少数の世帯のために広域の道路や水道などのインフラを維持する必要が生じるというデメリットもある。そこで、第二のシナリオにおいては、飯高地区の地域の人が、地域の拠点施設の一つでもある道の駅を有する宮前地区に移住することが仮定されている。宮前地区とは、飯高地域の中で、2020 年時点において最も人口が集中している地区であって、交通のアクセスも 4 地区の中で最もよい。この移住により、飯高地域全体の人口は大幅に減少するにもかかわらず、人々は低すぎない人口密度の中で居住することが可能になる。

より具体的には、②森村・③川俣・④波瀬の全てのメッシュにおける人口はゼロとなる。そして、1669人の人口は①宮前の各メッシュに振り分けられる。その際、2020年時点におけるメッシュ間の比率がそのまま2050年も保持されると仮定したうえで、1669人の人口を①宮前地区内の各メッシュに割り振るものとした。その結果として出来上がった人口分布を図5-2（中）に示す。

このシナリオが大胆な仮定に基づいていると書いたのは、それが②森村・③川俣・④波瀬の全ての集落が消滅することを想定しているからである。現在においてこれらの地区に住む人たちが、これを受容するとは非常に考えにくい。本来なら、本章においてこのシナリオを公表すること自体が憚られる。それでもあえてこれを示したのは、このアイデアが④波瀬の住民の方々から出てきたものだからである。これについては本章の後半で再度触れる。

シナリオC　インフラエリアへの集中型の人口分布

このシナリオにおいては、2050年における居住地が、2020年時点においてインフラストラクチャーの整備されていたところに集中することが想定されている。ここでいうインフラストラクチャーとは、道の駅（波瀬の駅・飯高の駅）、集会所、販売店を指している。1696人の人口が、これらのインフラに近い地点により多く割り振られることが仮定されている。シナリオA（現状維持）における生活の不便さは回避しつつ、シナリオB（道の駅がある宮前への集中）によりもたらされる宮前以外の地区の集落の完全放棄をも回避するという意味において、シナリオCは二つのシナリオの折衷案ということができる。

3　シナリオの吟味

2020年現在管理している農地をどうしていくか？

シナリオA〜Cの中から飯高地域が一つを選び取る際に、その選択によって、2020年現在に管理している農地のうちどの部分が2050年も活用される

表5-2　2020年現在の農地316haの分類基準

区分	分類	基準
(i) 耕作に比較的向いている農地[1]	a. 従来の使い方で維持する農地	年間日射量が1万8000Wh/m^2 未満。
	b. ソーラー営農型農地（農地の上に発電用ソーラーパネルを設置し、両方の目的で土地を利用）	年間日射量が1万8000Wh/m^2 以上。
(ii) 耕作に比較的向いていない農地[2]	c. 農地からソーラーへの転用地	年間日射量が1万5000Wh/m^2 以上、かつ土砂災害警戒区域外。
	d. 手のかからない管理地（薬草用農地、ビオトープ型水田等。農地に獣害が及ばないための緩衝地帯としての意味合いもある。）	「c」以外の土地のうち、獣害発生の可能性がある土地。
	e. 管理を放棄する土地（自然に帰す、植樹等）	「c」以外の土地のうち、獣害発生の可能性がない土地。

1：次の5条件をすべて満たす場所とする。①傾斜が10°以下。②標高が400m以下。③水源までの距離が200m以内。④道路までの距離が50m以内。⑤農業用水路・パイプラインまでの距離が20m以内。
2：316haのうち（i）を満たさないすべての農地。

ようになるかを考慮することは重要である。飯高地域には、2020年現在、約316haの農地がある。このなかには、(i) 耕作に比較的向いている土地と、(ii) そうでない土地がある。今後人口減少や高齢化によって労働人口が減ることを考えれば、316haすべてを管理し続けることは、残念ながら非現実的であり、(i) の土地は農地に、そして (ii) の土地は別の用途に供することが合理的だろう。そして、前者のタイプの農地の近くに人が居住しているようなシナリオを選択することが合理的だろう。

そこで、私たちは、316haの土地を (i) と (ii) とに二分し、それらが飯高地域の①〜④の各地区にどのように分布しているのかを調べることとした。具体的には、農地の持つ耕作への適正を評価する観点として、土地の傾斜、標高、水源までの距離、道路までの距離、農業用水路・パイプラインまでの距離という五つの指標を選んだ。そして、これらの属性を手掛かりとして316haの土地を二つのグループに分類した（その分類に際しては、自然分類法という統計学的な手法を利用した）。その結果、表5-2の注釈に示すような閾値に基づいた分類を行うと、(i) と (ii) との差異が最も大きくなり、両グループの違いが最も際立つことが分かった。こうして特定された (i) の農地を、耕作に適した農地であると解釈してもよいだろう。(i) と (ii) の面

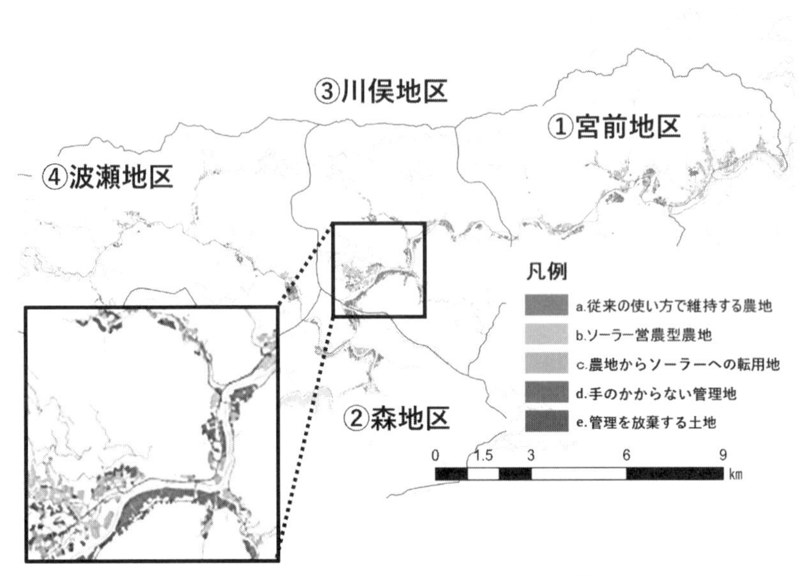

図 5-3　2020 年現在の農地 316ha の分類

積はそれぞれ約 167ha と約 149ha とである。

このようにして特定された（i）、（ii）の土地はそれぞれ、より具体的にはどのように活用されるのがよいだろうか。まず（i）については、従来通り、農地として活用することもできるだろうし、日射条件の特に優れた土地については、農地の上にソーラーパネルを設置し、農業と発電という二つの目的でより効率的に土地を利用することもできる。一方の（ii）については、日射条件の良し悪し、土砂災害警戒区域内か否か、獣害発生の可能性のある区域かという観点から、用途をさらに細分化していくことができる。このようにして（i）（ii）を細分化していく方法としては、多くのものを考えることができるだろうが、私たちは一つのモデルケースとして、表 5-2 のような 5 分類を提案したい。このようにして 316ha を 5 分類した際に、5 種類の土地のそれぞれが地区①～④にどのように分布しているのかを示したものが図 5-3 と表 5-3 である。

表 5-3　2020 年現在の農地 316ha の 5 分類とそれらの地域分布

将来の土地利用形態	宮前	森	川俣	波瀬	合計
a. 従来の使い方で維持する農地	30.8	15.5	39.1	11.2	94.7
（その管理に必要な人数）[1]	（308 人）	（155 人）	（391 人）	（112 人）	（947 人）
b. ソーラー営農型農地	42.9	6.0	15.2	8.0	72.1
（その管理に必要な人数）[1]	（429 人）	（60 人）	（152 人）	（80 人）	（721 人）
c. 農地からソーラーへの転用地	32.1	4.6	21.2	15.3	73.3
d. 手のかからない管理地	7.7	1.5	5.0	5.5	19.8
e. 管理を放棄する土地	26.4	10.3	14.4	5.0	56.1
合計	140.0	38.0	95.0	45.0	316.0

1：管理の必要な a、b については、その面積を管理するのに必要な人口を示した。2020 年現在、飯高地区全体で 3163 人の人口が 316ha を管理していることから、1 人あたりの管理可能面積は 0.1ha であると仮定して、必要な人口を算出した。

何に依拠してシナリオを選択するか

シナリオ A〜C のうちどれを選ぶべきかを考えるための一つの方法は、図 5-3（および表 5-3）と表 5-1 とを見比べることである。2020 年から 2050 年までの間に人口が半分以下になること（そして高齢化率も高まるであろうこうこと）を踏まえると、どんなに多めに見積もっても、2050 年に管理できている農地は 316ha の農地の半分程度程度であると考えるのが妥当である。すると、上で特定した耕作に適した農地（約 167ha）が 2050 年に農地（表 5-2 の 5 分類のうち a と b）として活用されていると考えるのが合理的である。これは図 5-3 において a、b の色で表示されており、①宮前地区、③川俣地区の櫛田（くしだ）川沿いにそれらの土地が集中していることが分かる。シナリオ A〜C のうちどの人口分布を選択すれば、図 5-3 によれば農地を管理しやすいかを考えるとよいだろう。

具体的には、例えば次のようにすればよい。仮に飯高地域がシナリオ A を選んだとしよう。その場合は、表 5-1 によれば 2050 年には①宮前地区に 1129 人が居住することとなる。一方、表 5-3 によると、同地区には 2050 年時点で管理対象となる農地（a と b）が合わせて 30.8ha + 42.9ha あり、それを管理するのに必要な人口は 308 人 + 429 人 = 737 人である。よって、①宮前地区に居住する人たちだけで①宮前地区の管理対象農地を管理することができると判断できる。

また、同じシナリオＡの下で、2050年には④波瀬地区に104人が居住することとなる。一方、表5-3によると、同地区には2050年時点で管理対象となる農地（aとb）が合わせて11.2ha＋8.0haあり、それを管理するのに必要な人口は112人＋80人＝192人である。よって、④波瀬地区に居住する人たちだけで④波瀬地区の管理対象農地を管理することはできないと判断できる。この場合、④波瀬地区にある貴重な優良農地を管理することを諦めるか、①～③の地域の居住者が④の地区にある農地まで「通勤」して農地を管理する必要があると、判定できる。

もちろん、シナリオを選択する際に依拠すべき判断基準はこれだけではない。私たちが上で検討したのは「耕作に有利な農地の空間分布と人口の空間分布とがどこまで類似しているか」という基準だった。これ以外にも、以下のような基準がある。

> 2050年までの道路や水道などのインフラストラクチャーの維持管理費総額がどれだけ必要になるか？（どれだけ抑制できるか？）
>
> 近隣住民が様々な場面で助け合えるような最低限度の人口密度が確保できているか？
>
> 四つの地区それぞれに蓄積されてきた歴史や文化を次世代に継承できるか？
>
> 広域に分散した農地ではなく、狭い地域に集中した農地をカバーできるような（すなわち、効率的な農作業が実施できるような）人口の空間分布になっているか？

これらの判断基準間の優先順位をどのように重みづけるか。そして、それぞれの判断基準に依拠したときに、シナリオＡ～Ｃをどのように評価できるのか。こうした点について議論し、合意を形成するのは、地域の方々自身であることは言うまでもない。私たちのような外部研究者にできるのは、議論の論点を上記のように整理し、判断の根拠となりうる情報を整理し提供する

表5-4　将来の人口分布シナリオについての選好

シナリオ	①宮前地区（n＝14）	④波瀬地区（n＝15）
A　現状維持型	5	7
B　宮前への集中型	3	0
C　インフラエリアへの集中型	6	8

（注）①宮前地区と④波瀬地区とでそれぞれ実施された説明会におけるアンケート結果を示す。例えば①宮前地区においてAを最も好ましいと考えた人が5人いたことを示す。説明会の場所と参加者の居住者とは必ずしも一致しない。①宮前地区の説明会の参加者は、同地区居住者が中心である。④波瀬地区の説明会への参加者は、②森村、③川俣、④波瀬地区の居住者が中心である。

ことくらいである。しかし、その合意形成は必ずしも容易ではないことを示すデータを紹介しよう。

2023年8月、私たちの研究グループは飯高地域の①宮前地区と④波瀬地区とでそれぞれ、地区の住民の皆さんをお招きし、研究成果の報告会を実施した。そこでは、上記のシナリオA～Cの内容も住民の皆さんに提示し、どれが好ましいと思うかについてのアンケートを実施した。その結果を表5-4に示す。

①宮前地区の説明会に集まった14人の皆さんのうち、シナリオA・B・Cを選んだ人の数はそれぞれ5人・3人・6人であった。また④波瀬地区に集まった15人の中で、各シナリオを選んだのは7人・0人・8人であった。このことから、多くの人に選ばれるような合意調達力の高いシナリオは存在しないことが分かる。また、予想されていた通り、宮前地区に人口を集中させるシナリオBは、④波瀬地区の説明会においては、誰からも支持されないという結果となった。このことは、飯高全体における合意形成を目指す際に、4地区の間で存在する考えの違いを乗り越えなければならないことを示唆する。住民の皆さんが、困難を乗り越えて合意を形成できるようになるためには、どうしたらよいのだろうか。そのための方法の一つとして、本章ではフューチャー・デザインを活用することを提案する。

3　フューチャー・デザインという方法の可能性

フューチャー・デザインとは

フューチャー・デザインとは、理論経済学者の西條辰正が提唱したコンセプトである（Saijo 2020）。私たちの社会には、現世代の利益と将来世代の利益との両立が必ずしも保証されていない多くの問題が存在している。気候変動、生物多様性の崩壊、窒素とリンの循環の混乱、そして巨額の政府債務などによって将来世代に不利益が及ぶことはその典型例であろう。フューチャー・デザインは、私たち人間が、将来世代の利益に資する行動を行うことに喜びを感じる特性（西條はそれを将来可能性と名付けている）を持つという根本的な作業仮説に基づいており、その特性が最大限に発揮されるような社会の仕組みをデザインするための方法論（もしくはその方法論を適用する実践活動）として定義される。地域の人たちが自分たちの将来ビジョンを作る場面においては、フューチャー・デザインは参加者が仮想将来人になり切って、望ましい将来の状態についてグループ討議を行う形によって実践することができる（例：Hara et al. 2019）。実験研究においては、この仮想将来人という思考枠組みが、個人の考え方やどんな政策を志向するかについて変化を与えることが確認されている（例：Nakagawa et al. 2019a, 2019b）。さらに、過疎化、少子高齢化、人口減少、南海トラフ地震など、来ることが分かっていても目をそむけたくなるようなネガティブな事象を直視し、そのような事象が起こるなかでも人々がしあわせに生きる将来のビジョンを描くうえで、この仮想将来世代という思考装置は特に力を発揮する。現代人にとっては目をそむけたくなる事象であっても、それが発生したあとの時代に生きる人たちにとっては、それはすでに起きた史実として直視できるようになるからである。

飯高地域におけるフューチャー・デザインの実践

2021 年 4 月 20 日、飯高地区の松阪市飯高地域振興局に地域住民の方々や地域振興局の方々が集まり、3 班に分かれて 2050 年における地域のビジョンを描くためのグループ討議を行った。その内訳は以下の通りだった。

宮前班　：①宮前地区に住む方々を中心とする 5 名で構成される
波瀬 1 班：④波瀬地区に住む方々を中心とする 6 名で構成される
波瀬 2 班：④波瀬地区に住む方々を中心とする 5 名で構成される

各班には、次のような課題文が提示され、討議が行われた。

> 皆様は、現在のご年齢で 2050 年にタイムスリップし、そこで生活し続けることになったと想像してください。そして、グループとして、次の問いについて、答えを出してください。
>
> 松阪市飯高地域の将来をとりまく環境に関して、2021 年当時、①〜②のようなことが想定されていました。それでも 2050 年の今、皆様は、飯高地域でしあわせを実感して暮らしています。
> (1) 皆様が地域の農林産品を消費し、販売してしあわせに生きている 2050 年の今の飯高地域（及び宮前または波瀬地区）の姿を描いてください。
> (2) その姿が実現できたのは、2021 年以降の飯高地域の人たちが、どんな方向性を持って努力をしてくれたお陰ですか。
>
> 【前提】飯高地域の将来に関して、2021 年当時、次の点が想定されていました。
> ①　2021 年当時の松阪市飯高地域の人口は 3732 人ですが、2050 年には 1826 人（51% 減）になると推定されていました。
> ②　農林業の労働力についても、2021 年当時と比較して、2050 年には人口と同程度がそれ以上の減少が推定されていました。
>
> 【注意】皆様は、2050 年に生きているので、2021 年当時のことは過去形で話さなければいけません。

（誤）今、新型コロナウィルスの感染が拡大しているので、……
（正）当時、新型コロナウィルスの感染が拡大していたので、……

三つの班のうち、宮前班が最終的にたどり着いた未来像の一部を、紹介しよう。

2021年と比べて人口が半減した飯高地域では、道の駅の周辺に人口を集中させ、そこでインフラが重点的に整備されている。またこの地区から松阪市中心部への公共交通も整備され、買い物に行くこともできる。人々はこのコンパクト化した地区で、3世帯住宅で幸せに暮らしている。息子と孫はサラリーマンとして飯高地域外で仕事をし、おじいちゃんは息子が定年退職するまで農地を守りながら食べ物を作っている。この世代間分業のサイクルが永続的に繰り返されるシステムができているので、宮前の文化は今後も確実に継承されていくだろう。

このように、宮前班では、①宮前地区にある道の駅に人口を集中させるというビジョンが描かれた。これは、本章前半で示した三つのシナリオのうちBに概ね対応するといってよいだろう。これと非常に類似した考えを示したのが、波瀬1班であった。彼らは④波瀬地区の住民を中心として構成されているにもかかわらず、討議の結果、次のような未来像にたどり着いた。

飯高地域の人口は2021年当時と比べて半分に減ってしまった。それでも私たちが街のような環境の中で暮らしているのは、宮前地区に人口を集中させて暮らしているからだ。そして、私たちはここから山や農地に「通勤」してその環境を保全するし、綺麗な水や空気を求めて立地してきた工場に通勤する人もいる。

未来像をこのような形でまとめる根拠となった部分の一部を、討議音声の書き起こし結果の中から紹介しよう。

Kさん：ただやっぱり当然そのね、2050年にはたぶん空いとる家って、多分、どっかの、いっぱいできてくるんで、まあそこへ皆さんが行ったら、ある程度大きな集落にできとるというんは、あるんかなと思うんですけど。
Fさん：そう、そう、そう。
Kさん：（飯高の）外からの移住もあるけど、飯高内での移住というのもあるんかな。
Fさん：飯高町全体で考えたらやっぱり宮前しかないよな。
Tさん：と思うけどな。
Fさん：飯高町全体で見たら。
Kさん：で、だんだんだんだん、こう、皆さんがその宮前へ集まってて、宮前である程度大きなあれができるみたいな。宮前。
Tさん：宮前ね。
Kさん：宮前になりそうです。宮前地区になりそうです。場所は。
ファシリテーター（中川）：はい。ぜひそのプロセス具体的に教えてください。あるいはその場所が決まったということで、そのなかで暮らしてる姿をより具体的に教えていただくということでも構いませんし、どうぞご自由に議論を膨らませていただければと思います。
Kさん：皆さん、もし2050年に自分が宮前に住んどるというのは想像できるんですか。
Oさん：できません。
Kさん：はっはっは。
Fさん：できんけども、何やろうな、宮前に生活してそれで山へ行くとか、農業、田んぼに行くとか通う、通勤やな、そんな感じになるんとちゃうかな。

この会話からは、自分たちが住む④波瀬地区の集落が無人化してしまうことを想像することへの抵抗感は感じられない。彼らは、自分たちが①宮前地区に住んでいる未来に戸惑いつつも、時には笑いを交えながら、①宮前地区に住みながら④波瀬地区の農地に通う自分たちの日常生活がどのようなものになっているかを、具体的に想像している。仮想将来人になりきるという舞台設定があったからこそ、このような討議の雰囲気が実現したのだろう。

グループ討議終了後、三つの班が、互いに自分たちの討議結果を報告しあう場が設けられた。その時の音声が残っておらず、正確な記述ができないが、波瀬1班がこのような討議をしたことを知った宮前班のメンバーの1人が、波瀬1班に向けて「感動しました」といった趣旨の発言をしたことを、中川と香坂ははっきりと記憶している。ただし、仮想将来人という思考装置を導入したからといって、直ちに班同士の合意形成が実現するわけではない。実際、波瀬2班は、次のような将来像にたどり着いた。

> 2021年と比べて人口が半減した波瀬では、安全安心な農産物を自分たちで作って食べるという自給自足の文化が根付いている。自然に魅せられて都会から移住してきた人もいるが、彼らはリモートワークと空き農地を利用した自給自足との両立で暮らしを成り立たせている。その波瀬の自然の魅力の源泉の一つは、森林だ。2050年の今、植林から100年たった山が多く存在しているが、100年の山は50年の山にはない迫力がある。こうした木は飯高ブランドとして、国際市場でも評価されている。

これは、④波瀬地区においても人が居住していることを想定した未来像であるから、シナリオAに近いといえる。仮想将来人の視点に立ったからこそ、自分たちの地域の魅力を再確認し、それを大事にしてゆこうという思いを新たにしたのだと思われる。仮想将来人の思考装置によって、波瀬1班と波瀬2班とは、大きく異なる方向性を持ったビジョンにたどり着いたのだ。

さらに、2021年10月に別の地区住民の方をお招きし、全く同じ内容であらためて実施したワークショップでは、次のような議論もあった。このなかで、道の駅がある地区に集約するオプションBに近い案が1人の参加者から提案され、別の人がその案に賛成できない旨の主張をしている。

> KUさん：30年前には、人口の集約化、集団移住、そういうものを、この飯高では一番人口の多い宮前地区に集約してやってくれたんで、なかなか地域のコミュニケーションが2050年くらいはできとるような、それをほっといた場合には、しばしそういうことで言い合いをするから、過去にそういう話を統一して考えたので、この地域に人口が保たれ、ある程度の勝負ができるということで、ありがたいなと思います。(中略)

TIさん：（宮前地区に集約することに）あんまりいいイメージは、湧いてこないんだけども、（中略）もう（宮前よりも）奥の方に人がいなくなって、こちらの宮前地区に集まってきて、宮前地区（に元から住んでいた人にとって）はいいと思うけども、（中略）ただ、他の地区、住む人がいなくなる（地区に住んでいる）人の集約がね、今はそれであんまりちょっといい方向ではないんじゃないかと。（それぞれの地区に、それぞれの住民が住み続けられる未来像が）一番いいと思いますね。そういうのが、施策が、一番いいと思います。

フューチャー・デザインが果たせる役割

このように見てくると、仮にフューチャー・デザインや、仮想将来人という思考装置を使ったとしても、決して合意形成が簡単に実現するわけではないことが分かる。それでも、シナリオBを支持する人とシナリオA（もしくはシナリオC）を支持する人との間で生じる意見対立の形を変えるうえで、フューチャー・デザインは大きな役割を果たすことができる可能性はあるだろう。

現代人の視点に立って2050年を議論した場合、今自分が①宮前地区に住んでいるのか、それとも②〜④の地区に住んでいるのか、という点を踏まえ、現代人としての自分にとって、どちらが受け入れ可能なのかという視点から、意見が戦わされてしまうかもしれない。しかし、フューチャー・デザインの討議では、「現在のご年齢で2050年にタイムスリップし、そこで生活し続けることになった」という前提で議論がスタートする。これにより、「今①宮前地区に住んでいる自分」「今④波瀬地区に住んでいる自分」などの立場を離脱し、「2050年に飯高地域（のどこかに）に住んでいる自分」という立場に立つことができるようになる。そして、そのうえで、実現したい未来の飯高地域の姿を描くようになるのだ。その結果、波瀬1班では、①宮前地区から他地区の農地へ「通勤」することで、近所づきあいを確保しつつ広域な農地を保全するというコンセプトが出てきたし、波瀬2班では、樹齢100年の山の迫力によって宮前地区以外にも人が住んでいるというコンセプトが出てきた。討議に参加した皆さんは、「自分にとってどのシナリオの都合がよいか」をめぐる意見対立ではなく、「どのコンセプトが未来の飯高にとってよいか」をめぐる意見対立の構造を作ることに成功したのである。

4　おわりに

本章の冒頭で述べた通り、いわゆるバック・エンド・プロジェクトを進めることに対するモチベーションを高めるにあたっては、どうしても困難が伴う。インヴェルニッジらは、その困難を乗り越えるための一つの戦略を提案している（Invernizzi et al. 2020）。それは、「バック・エンド・プロジェクトを実施することが、現世代としての将来世代に対する責任を果たすことに繋がる」と考え、バック・エンド・プロジェクトに肯定的な価値を見出すというものである（ただしインヴェルニッジ自身はバック・エンド・プロジェクトという言葉は使っていない）。

本章は、フューチャー・デザイン（ならびに仮想将来人という思考装置）を使うことが、インヴェルニッジらの戦略を実践することに繋がりうることを示したといってもよいだろう。人口減少が進んでゆくなかで、土地利用の問題を「どの農地の管理を諦めるか」というネガティブな問いとして定式化するのではなく「どのような土地利用の仕方をすると、将来世代が一番幸せに暮らせるか」というポジティブな問いとして定式化するうえで、フューチャー・デザインは大きな可能性を秘めた方法論である。その際、序章で提示された時空間の視点を軸をずらすという観点から、柔軟にアプローチする可能性が今回の調査では示唆されている。

最後に、本章の限界について指摘しておきたい。本章で紹介してきた私たちの取り組みを時系列的に整理し直すと、次のようになる。

1. 私たちは2021年に飯高地域の住民の皆さんをお招きして、フューチャー・デザインのワークショップを実施することから、スタートした。
2. 「1」をヒントとして、2050年の人口分布シナリオA・B・Cを考案した。

3. 「2」と並行して、飯高に2020年現在に存在している316haの農地を、耕作への適性に応じて５種類に分類し、それが飯高の各地区にどのように分布しているかを明らかにした。
4. 「3」も踏まえて、シナリオＡ・Ｂ・Ｃを評価する視点としてどのようなものがあるかを考察した。

以上４点の成果をとりまとめたのが本章である。換言すれば、最も重要な５番目のステップが未完のまま残されている。そのステップとは、飯高地域の皆さんが「3」のデータや「4」で示された各視点を考慮しながら、シナリオＡ・Ｂ・Ｃのどれを選択するかを議論するとともに、選択したシナリオを核としながらそれに肉付けをして、飯高地域の将来世代の人たちがしあわせに暮らしている様子をビジョンとして描いてゆくというステップである。それを実践するのは飯高地域の人たちである。外部の研究者である本章の執筆者たちはそれを陰ながら見守らせて頂き、応援をさせて頂きたい。

また、飯高地域と同じような状況にある全国の多くの地域の人たちが、本章を読み、教訓、方法論を共有することによって、自分たちの地域でも同じような取り組みをまずは試行したり、開始しようと思ってくれたならば、それは私たちにとって望外の喜びである。

参考文献

Hara, K., Yoshioka, R., Kuroda, M., Kurimoto, S., & Saijo, T.（2019）“Reconciling intergenerational conflicts with imaginary future generations：Evidence from a participatory deliberation practice in a municipality in Japan,” *Sustainability Science*, 14：1605–1619.

Invernizzi, D. C., Locatelli, G., Velenturf, A., Love, P. E., Purnell, P., & Brookes, N. J.（2020）“Developing policies for the end-of-life of energy infrastructure：Coming to terms with the challenges of decommissioning,” *Energy Policy*, 144：111677.

Locatelli, G.（2021）“Is Your Organization Ready for Managing “Back-End” Projects?” *IEEE Engineering Management Review*, 49（3）：175–181.

Nakagawa, Y., Kotani, K., Matsumoto, M., & Saijo, T.（2019a）“Intergenerational retrospective viewpoints and individual policy preferences for future：A deliberative experiment for forest management,” *Futures*：105, 40–53.

Nakagawa, Y., Arai, R., Kotani, K., Nagano, M., & Saijo, T.（2019b）“Intergenerational ret-

rospective viewpoint promotes financially sustainable attitude. Futures," *114*: 102454.
Saijo, T.（2020）"Future design: Bequeathing sustainable natural environments and sustainable societies to future generations," *Sustainability*, 12（16）: 6467.
将来世代のための農村地域における土地制度のあり方に関する研究会（2022）『将来世代のための農村地域における土地制度のあり方に関する研究会　報告書』。https://www.grips.ac.jp/cms/wp-content/uploads/2022/05/RSG22-2_Report%EF%BC%9Anouson-jp.pdf（2023年12月3日閲覧）

第6章
オープンサイエンスの潮流とシチズンサイエンスの活用にみる新たな共創スタイルの可能性

林 和弘

1 はじめに

デジタル化とインターネットによる情報流通基盤の変革およびその流通基盤を活用した科学と社会の変革は、20世紀に始まり21世紀になって本格的に進展してきた。加速度的に増え続けるデジタル情報を活用することで、これまで得られなかった知識が大量かつ迅速に得られつつある。そして2020年代に入り、COVID-19や生成AIの出現によって科学と社会の変化が一層加速している。このような流れの中で、旧来の“紙”というメディアと“郵送”という伝達手段に依拠して誕生したともいえる学術論文や書籍に限らない、“知識としてのデジタルデータ”の幅広い開放（オープン化）・共有が進展している。この知識共有の新たなあり方は、新しい科学と社会の地平を切り拓く可能性を持ち、オープンサイエンスと呼ばれる潮流として世界の諸政策においても大きな注目を集めている。

本書のテーマでもある農林地管理や合意形成においても例外ではない。これまでの知識共有やコミュニケーション基盤を活用する手法は今でも最も確実な手法として依然有効であるが、序章で述べられているような、人口減少が進む縮退地域のなかで、農林業の生産活動と環境保全の両立あるいは防災や減災の機能との兼ね合いやバランスをどう整えるかといった今ある課題の解決にオープンサイエンスの活用を加えることがすでに始まっている。同時に4章のゲーム要素を取り入れたアプローチあるいは5章のフューチャー・デザインなどの参加型手法においても、データの創出と使用は科学や研究に限らず、住民、行政、産業界が参画する共創の場となりつつある。さらに、その漸次的な手法とはまた違った新たなコミュニケーションや研究の手法が付加される余地が生まれ、ときに非連続な改革を含む全体的な進展へと発展する可能性もある。

本章では、まず、オープンサイエンスの潮流を解説し、科学と社会の姿が根本から変わろうとしていることについて述べる。続いて、科学と社会の変容を示す具体的な事例の一つとしてシチズンサイエンスの変容について解説し、社会課題解決型研究の根本的なゲームチェンジの可能性について議論する。そのことで、農林地管理のあり方やその背景にある農林研究に関して関係セクターの新しい気づきや行動変容のきっかけづくりを狙うこととする。

2　オープンサイエンスの潮流

オープンサイエンスとは、最も包括的には、社会の情報基盤の革新に応じて知識を幅広く開放することによって、科学そのものを発展させ、産業を含む社会を発展させ、科学と社会の関係を含む社会全体を変容させる活動を指す（林 2018, 2023b）。193カ国の賛同を得て発行された2021年のユネスコのオープンサイエンス勧告（UNESCO2021）においても、“オープンサイエンスとは、多言語の科学知識を誰もがオープンに利用でき、アクセスでき、再利用できるようにすること、科学と社会の利益のために科学的な協力や情報の共有を増やすこと、科学知識の創造、評価、伝達のプロセスを従来の科学コミュニティを超えて社会のアクターに開放することを目的とした、様々な運動や実践を組み合わせた包括的な概念”としており、研究成果の共有と社会の変革を目指している。そのうえで、オープンな科学知識・科学インフラ・科学コミュニケーション、社会的アクターのオープンな関与、言語や民族に依拠する他の知識システムとのオープンな対話を柱としている（図6-1）。

この抽象的な表現をより具体的に理解するために、科学知識の共有と社会

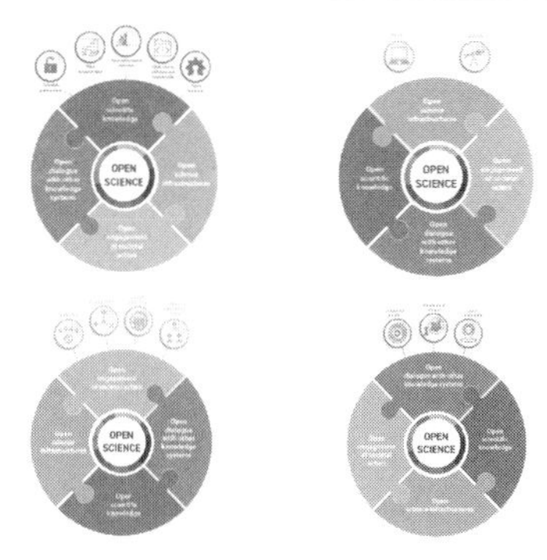

UNESCO勧告より
- より開かれた科学知識
  - 論文以外の様々な成果もオープンに
- オープンサイエンス基盤（インフラ）
  - 人と機械が読めるインフラ整備
- 社会的アクターのオープンな関与
  - 市民の参画による新しい研究スタイル
- 他の知識システムとの開かれた対話
  - 先住民や地域が持つ伝統的な知識の導入と活用

図6-1　オープンサイエンスのビジョンと構成要素（UNESCO勧告）

出典：ユネスコのオープンサイエンス勧告　第41回ユネスコ総会採択

変容の関係を歴史的にみていこう。17世紀にニュートンとライプニッツによりその先取権が争われた微積分の発明とともに数学と物理との融合による数理物理学が誕生し発展することで、近代科学の礎が築かれた。そしてのちに蒸気機関の発明に伴う産業革命にもつながった。この17世紀にイギリスで学会（Royal Society, 1660年）と学術雑誌（Philosophical Transactions, 1665年）が誕生し、科学に関する情報が雑誌というメディアを通じてコミュニティにより広く早く共有されるようになって、科学と社会は飛躍的に発展したといえる。学術雑誌という“メディア”と郵送という社会の“情報基盤”の変革および学会という“コミュニティ”が、科学と社会の変容をもたらしたといえ、この仕組みが350年以上をかけて成熟してきたのが現代である。さらにいえば、学術雑誌の誕生を支えたのが印刷技術の発達により生まれた印刷本の仕組みであり、手書きをもとにした情報の伝達と比較して爆発的に多くの情報が流通し知識が解放されることで、宗教革命やルネッサンスが起きている。

一方、20世紀後半になって、インターネットとウェブの浸透によって、情報流通の限界費用が大幅に低減し、また情報が双方向に瞬時に行き交う社会となった。あるいは、SNSなどの新しいデジタルネイティブなコミュニティも生まれている。つまり、インターネットとウェブという社会の情報基盤とメディアの変革による知識の開放（オープン化）は、学術情報流通の変容を促し、科学と社会、およびそのコミュニティをデータ駆動やネットワーク型に変容しようとしている。このネットワーク型社会では、あらゆる人、モノ、コトが情報として紐付けられ、また、その情報が瞬時かつ双方向に行き交い、印刷と郵送に基づいた情報流通では得られない価値を提供している。

また、オープンサイエンスの“オープン”に関しては主に二つの考え方があるといえる（林 2023b）。一つは、オープンとは、“誰もがどんな目的でも自由にアクセス、使用、変更、共有できることを意味するもの”である。例えば、ゲノム研究を中心とした生命科学とそれを支えるデータサイエンスにおいては、主にこの概念を活用して学術論文やデータの公開を原則として促進している。もう一つは、このフルオープンの解釈も含めたより包括的な概念として、“社会の情報基盤そのものが技術革新により相対的に開放（オープン化）されることを意味するもの”である。情報の扱いには、そもそもシークレット、クローズ、オープンの考え方があり（Chubin 1985）、その分野や研究データの特性、さらには関連する産業や社会との関係性に応じて、情報の取り扱いにはオープンクローズの戦略が存在する。この特性を現実として受け止め、より開放された情報技術基盤を活用して、できる限りオープンにすることと、必要な限りクローズにすることの両方を目指すことになる。

オープンサイエンスの進展により、研究成果としての論文や研究データを、学界だけでなく、産業界、市民等あらゆる情報のユーザーが効率よく、また、幅広く利用可能となる（林 2023b）。その結果、まずは、研究者の所属機関、専門分野、国境を越えた新たな協働による知の創出が加速される。次に学術や産業の観点にとらわれることなく、様々な科学や社会の課題解決に多くのステークホルダーが関与し、新たな価値を生み出していくことが期待される。あるいは、今後研究データのオープン化が進むことで、研究プロセスの透明化や再現性の確保などが図られることにもなる。再び、17世紀に立ち戻ると、先に述べたように1660年代にニュートンとライプニッツが微積分を発明し、数学と物理が融合し（数理物理学）、近代科学や産業革命に大きな影響を与えた。さらに、ロンドンでは1665～66年に腺ペストが流行り、大学に行けなかったニュートンが家で思索にふけった結果として万有引力の法則を思いついたという話もある。学会と学術雑誌が生まれた経緯には諸説あるとされるが、当時の大学が硬直化したために、自由な議論を求めてカフェで集まったサロンが学会の始まりともいわれ、また、手紙の交換による先取権の確保が流行り、それを集約する形で学術ジャーナルが生まれたともいわれている。すなわち研究メディア、研究コミュニティの創造的破壊が起きたともいえ、のちに大学（研究機関）も再構成されることとなる（林 2023a）。

この歴史の観点から現代を捉えると、大学や学会の硬直化が再び問題視され、学術ジャーナルと査読のあり方も問い直されており、COVID-19によりそれらの問題が顕在化した。他方、学術系SNSやプレプリントによるより自由で迅速な情報交換も始まっている。あるいは、17世紀に数学と物理が融合したように、現在AI（情報学）と既存の科学の融合や文理融合が進み、新しい研究と連動する産業が生まれ、ロボットによる研究の自動化が進展して、そのコードが再現性の高い研究メディアの可能性として注目を浴びている状況でもある。さらには、市民や行政を含む多様なセクターが、ネットワーク化しながら研究に関与する状況でもある。すなわち、研究者間や社会で知識を共有する手段が変革されると、新しい科学と社会が生まれる。このパラダイムシフトは、現在行われている各研究に影響を与え、新しい研究スタイルを付加することになる。

3　シチズンサイエンスの変容

オープンサイエンスの潮流は、オープンアクセスなど学術情報流通の姿を変え、ロボットAI駆動科学のように研究の姿を変えているが、その波及効果として、科学と社会の関係性も変えようとしている。この兆候は、シチズンサイエンス（市民科学）の変容とその先に見える新しい共創型の研究によってすでに始まっている（林 2018）。

表 6-1　シチズンサイエンスの進展による共創型研究の分類例とそのインパクト

研究者↔研究者

研究者コミュニティーと
市民が分離

市民

研究者

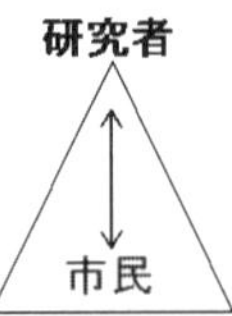

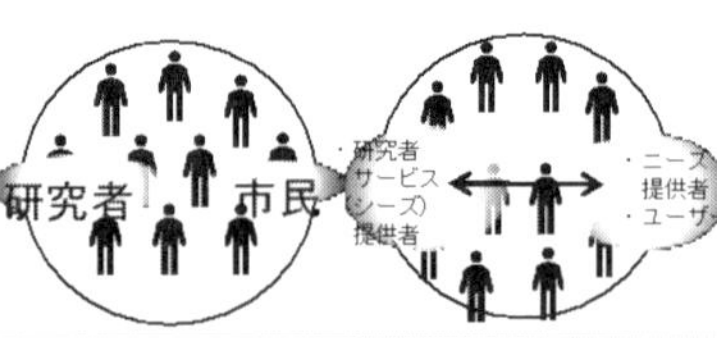

分類	従来型科学	典型的なシチズンサイエンスの場合	「集合知の活用」を目指した場合	「共創の場の構築」を目指した場合
構造		アウトリーチ型	フラットな関係	フラットな関係（共創）
主体	研究者	研究者	市民、研究者	参加者＝研究者
アウトプット	論文	論文（対科学者） 学び・楽しみ（対参加者）	論文、楽しみの共有 新しい行動	社会変革 （新サービスの創出、コミュニティ形成、場づくり、共通善の達成）
アウトプットが目指すインパクト	科学的インパクト	科学的インパクトが中心になりやすい	科学的、社会的インパクトどちらも中心になりうる	社会的インパクトが中心になりやすい
顕在化する分野	既存のすべての科学分野	科学者以外にファン、セミプロのいる分野 参加しやすく、特殊技能が不要な、広範のデータ収集が必要な分野	社会的関心が高い／生活に密着する分野 （まちづくり、環境科学、人文社会学、等）	情報科学、芸術、建築を中心としつつ多様な分野

そもそもシチズンサイエンスは、天文や野鳥の観測などに象徴されるように従来から行われてきたものであるが、オープンサイエンスの潮流のもと、知識のオープン化と双方向の伝達により科学者と市民の関係性が変化し、市民がデータ収集で科学者（Citizen Scientist）に協力する従来のスタイルに加えて、研究の分析や立案に積極的に関与するケースも生まれている。市民が科学者に従属する形で活動するというヒエラルキーに基づく形態から、よりフラットな関係性で課題解決に取り組むケースが特に社会課題解決研究で生まれており、共創型研究の新しい姿として捉えることができる（表 6-1）。

そもそも、紙と郵送の情報基盤においては、科学者と市民の間に情報の非対称性がある。高木仁三郎による「市民科学」は市民より圧倒的に情報を多く持つとされる科学者の振る舞いをときに監視する意味合いを持っていた（高木 1999）。あるいは、研究費の提供においても、科研費等の研究助成プログラムの形で、主に税金を通じて市民から科学者に資金が提供され、それに対してアウトリーチ活動が研究者に求められてきた。オープンサイエンスの情報基盤においては、その非対称性が良い意味で崩れ、科学者と市民がより対等な立場で、また双方向性を伴ったコミュニケーションができるように

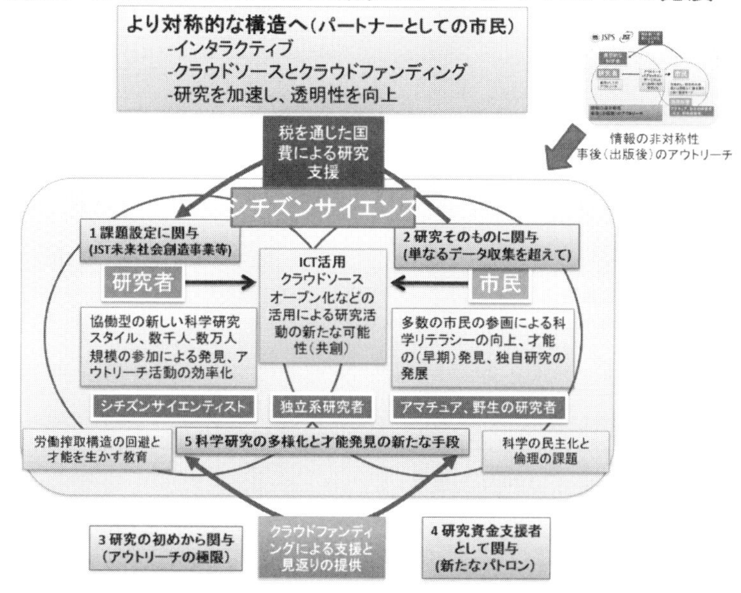

図 6-2　情報の非対称性の緩和とシチズンサイエンスの変容

出典　林（2018）

なった（図 6-2）。この環境の変化は、“科学者”の敷居や市民との垣根を低くし、研究のあり方を多様にしている。例えば、アマチュアの域を超えた研究、これまでならば大学等のいわゆる研究機関で行われてきた研究を、アカデミアに属さずに実行する独立研究者と呼ばれる者も現れている。この過程において、市民の中から新たな才能が早期に見つかることもある。このアカデミアの機能が外部化している点も注目に値する。例えば、研究者と企業のマッチングや、研究共用施設の提供などを行っているスタートアップ企業も増えている。すなわち、科学研究の活動は大学や企業の研究所という閉じた世界だけで行われるものではなくなっている。

この研究の場の変容の過程において、科学コミュニケーションのあり方も変容している。単なるすでに得られている科学的な知見の一方的な教育的なアウトリーチではなく、未解決の課題設定から市民が関与したり、クラウドファンディングを通じて“マイクロパトロン”として資金を提供したりする流れもできている。例えば、学術に特化したクラウドファンディングであるAcademistを通じてこれまで1億円以上の研究費が市民から研究者に提供されている。

同時に、シチズンサイエンスの進展は様々な課題も浮き彫りにした。まずは、データの質の問題である。インターネットやスマートフォンの活用によって以前と比較して飛躍的に多くのデータを短期間に集めることができるようになった一方、得られたデータの質をどうコントロールするかが課題となっている。これに対しては、教育を充実させるだけでなく、ゲーミフィケーションを利用した、市民に楽しくデータの収集の仕方を学んでもらう仕組みなども取り入れられている。

次に挙げる課題として、動機づけと維持の難しさがある。シチズンサイエンスに関心を持ってもらう、あるいはプロジェクトを続けるためには、市民に対する動機づけとその維持が大きな課題となる。プロジェクトにどのように関与するかに関しては、むしろ科学者と市民とは違う動機づけであってよいという議論もある。先のデータの質の問題とあわせて、いずれ市民の科学リテラシー、データリテラシーが上がっていくことが求められている。多少逆説的ではあるが、クラウドファンディングの活用は、この課題を資金獲得の段階であらかじめ解決したうえで研究活動を実行することになる。

続いて、シチズンサイエンスのリーダーの重要性が挙げられる。シチズンサイエンスを実行するうえで、結果的に科学者と市民の間を結ぶリーダーが生まれることがよくある。そのリーダーは、もともと興味関心が高い（動機づけがされている）市民や、科学リテラシー・データリテラシー・ITリテラシーが高い市民、あるいは倫理観が備わっている市民であることが多い。また、市民主導型のシチズンサイエンスでは、このリーダーの存在がより大きくなり、プロジェクトを牽引することとなる。このようなリーダーが結果的に存在するかどうかが、シチズンサイエンスプロジェクトの成否を左右するといってもよく、そのリーダーの確保、育成などが課題となる。

最後に、シチズンサイエンスの価値づけの難しさがある。先の表6-1でも示した通り、シチズンサイエンスは主として科学的探求を目的とするものであるが、市民の関心を踏まえると社会課題解決の研究テーマになることも多い。このとき、得られた成果が社会的には意義はあるものの、科学的なインパクトには乏しいケース、いわゆる査読付き論文には通りにくい成果となる場合がある。これは、科学者と市民の関係がより対等なパートナーに近づくと起きやすい現象でもあり、シチズンサイエンス以外を含む社会課題解決型の研究の特に社会インパクトを議論し、評価できるメディアが求められているのが現状である。その他、オンライン・シチズンサイエンスの課題として、そもそものプロジェクト自体が小規模であることや、プロジェクト期間が長いことなどが指摘されている（一方井 2020）。

4　農林地管理のこれからに関する可能性

３節までの解説を踏まえて農林地管理に関するオープンサイエンスの影響について四つの視点から述べる。

①　これまでの科学研究の効率化、発展としてのオープンサイエンスの可能性

本書の他の章でも紹介されている様々な事例の通り、また、科学研究は“巨人の肩の上に乗る”と表現される通り、これまでの農林地管理に関する研究や合意形成に向けた取り組みは、ときに時間をかけて脈々と積み重ねられてきたものであり、オープンサイエンスの可能性としてまず挙げられるのは、それらの活動を加速、効率化することである。例えば、論文のオープンアクセス化によって、これまでの研究成果共有の手法自体は大きく変えることなく、得られた成果を迅速にまたオープンに共有し、研究とその結果の活用を加速する。ただし、課題もある。研究者はその時々に必要な情報サービスやツールを活用、あるいは開発して、研究や対話・合意形成の効率化を着々と進めている。そのうえで、先に述べた、情報流通の即時性や双方向性は、情報の発信者と受信者の関係性を大きく変えており、加えて発信者と受信者自体が多様化している点に留意する必要がある。シチズンサイエンスの課題で述べた、研究成果としてのメディアのあり方や社会インパクトを中心

とした多様な価値をどのように伝え、また波及させるかは、今後の課題となる。

②　他の社会課題解決の取り組みに見る可能性

オープンサイエンスの潮流は、様々な社会課題の解決に一定の方策を提供し始めており、農林地管理や合意形成の参考となる場合がある。この節では、シビックテックの活動に着目し、その可能性を見る。

シビックテックとは、テクノロジーを活用して市民の参加を促し、公共の問題を解決するための取り組みである。オープンサイエンスの文脈では、シビックテックは市民が科学的な研究やデータ収集に参加し、公共政策や社会問題に対する解決策の開発に貢献するプラットフォームやツールとして機能する。また、技術、知識、知恵を持った市民（プロボノ）が、行政サービスを中心とした社会課題を解決する活動でもあり、日本でもCode for Japanやシビックテックジャパンなどのイニシアチブによって浸透している（松崎2017）。主な活動としては、地域コミュニティの課題解決を目指すもの、技術力向上を目指すもの、社会一般の課題を解決しビジネス展開を目指すもの、行政との協働により変革を目指すものがあるとされ、すでに郷土災害情報やゴミ収集情報など地方行政サービスの改善に役立った例もある。また、先に述べたCode for Japanやシビックテックジャパンなどのコミュニティ形成ならびにコミュニティ内での情報共有も進んでいる。農林地管理は土地利用計画などに象徴されるようにもともと行政サービスとも密接に関連している。シビックテックによって、行政、市民、NGO、専門家など、異なるステークホルダーが協力しやすいプラットフォームやツールを提供することが可能となり、これにより、多様な視点が取り入れられ、より包括的で持続可能な合意形成が促進される可能性がある。

③　情報の管理基盤が根本から変わることを踏まえた可能性

これまでの二つの視点は、科学研究や行政の姿が大きく変わらないことを前提としたものであり、すでに現在の研究活動に取り込まれているものも多いが、オープンサイエンスの潮流の長期的視点では、科学研究そのものの姿が変わることや、行政のあり方を含む情報のガバナンス自体が変わることも内包している。ここでは、比較的わかりやすい事例として、ブロックチェーンを用いた活動に着目する。

ブロックチェーンは、分散型台帳技術を用いて、情報をオープンかつセキュアに保存・共有できる仕組みである。データがネットワーク全体に分散して保存されることにより、情報が透明で改ざんが難しくなり、信頼性が向上する。例えば、土地所有権や取引情報など、農林地に関するデータがブロックチェーン上に保存されることで、これらのデータが正確であることが確認でき、合意形成のプロセスが効果的に進行することになる。あるいは、スマートコントラクトと呼ばれるプログラム可能な契約は、ブロックチェーン上で自動的に実行される。農林地管理において、土地の取引やリース契約、補助金の支払いなど、契約に関するプロセスを自動化し、透明性と効率性を向上させることが期待できる。このような情報インフラは、土地所有権の確立と追跡を容易にすることになり、分散型台帳を用いて、所有権の変更が不正のない形で追跡され、信頼性の高い土地台帳を構築できる。これにより、土地の所有権に関する紛争を減少させ、合意形成を円滑に進めることができる可能性がある。さらに、ブロックチェーンはその構造上、中央集権的な構造を避け、参加者全体に権限を分散させることになる。これにより、行政、農林業従事者、企業など異なるステークホルダーが効果的に協力しあい、合意形成に参加できる環境を提供できる可能性があり、例えば、5章の三重県松阪市の取り組みへの適用などが考えられる。より具体的な事例については、表6-2に示す。

以上の事例は、どちらかというと既存の課題解決のためにブロックチェーンを援用している例といえるが、さらにブロックチェーンを使って情報のガバナンスと科学そのもののあり方を民主化しようとする動きもある。これは、分散型科学（Decentralized Science）と呼ばれ、その実践が日本でも本格化している。分散型科学とは、ブロックチェーン技術などを用いて分散型（非中央集権型）のガバナンスに支えられた民主的な研究システムの構築を目指す

表 6–2　農林地管理におけるブロックチェーンの活用例

	名称	概要	出典
1	IUCN、Gaiachain	森林景観の回復を追跡するためのブロックチェーンベースのアプリケーションであるFLRchainを開発。このアプリケーションは、資金源から農民までのトランザクションを追跡する検証可能な台帳システムを使用している。	https://www.iucn.org/news/forests/202103/blockchain-forest-landscape-restoration-flrchain-marries-two-brilliant-concepts
2	Subex	ロックチェーンを使用した土地記録システムについて説明。このシステムは、所有権の割り当てや移転が確認された場合、各トランザクションがデジタル署名、タイムスタンプ、およびユーザーのデジタルキーで承認される分散型台帳に承認される。	https://www.subex.com/blog/land-record-keeping-over-blockchain/
3	FSC（Forest Stewardship Council）	ブロックチェーンを使用して、材料を取り扱うすべての取引パートナーを接続。これにより、組織がすでに持っている直接的な関係以外のビジネス関係を明らかにする必要がなく、供給チェーンを通過する材料のコンプライアンス検証が可能になる。	https://fsc.org/en/blockchain
4	Split大学のIvana Racetin氏、	持続可能な開発のためのブロックチェーンベースの土地管理システムについて論文を発表。この論文では、ブロックチェーン技術が土地登記、土地台帳、土地管理、土地管理などの分野での利点を提供することが示されている。	https://www.mdpi.com/2071-1050/14/17/10649

運動の総体を指し、例えば自律分散型組織（DAO）やブロックチェーン技術を活用した評価システムを用いて、新たな研究助成システムや論文出版、研究基盤の構築を目指している（濱田 2023）。この分散型のネットワークにおいては、科学者と市民という一方向的な関係性はもはや大きな意味を持たず、それぞれが分散型のネットワーク上の“参加者”あるいは“貢献者”として、研究活動に複雑に関与することになり、共創の一つの究極の姿となりうる。

④　中間人材層としてのScitizenの設定とその可能性

オープンサイエンスやシチズンサイエンスに関するこれまでの議論において、既存のセクターや、旧来の社会の仕組みの最適化で生まれた“サイロ”をまたぐ、中間人材、橋渡し人材の存在に注目が集まっている。「サイロ」とは、組織内で情報やリソースが部門間で孤立してしまう現象を指し、イノベーションの文脈では、このサイロ化が大きな障害となりうる。例えば、部門間で情報が共有されないため、重要な知見やアイデアが組織全体で活用されず、異なる部門が協力しないため、組織全体としてのイノベーションの取り組みが阻害される。

あるいは、各部門が自分たちの業務や目標にのみ集中し、組織全体のビ

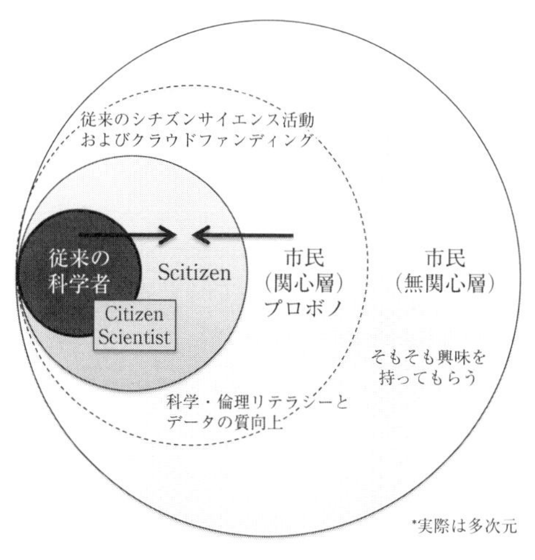

図6-3　Scitizenの位置づけ

ジョンや戦略を見失うこともある。そもそも、それぞれの部門が生まれ存在する理由が、旧来の枠組みに依拠したものである。橋渡し人材は、異なる部門やチーム間でコミュニケーションと協力を促進する役割を果たし、情報の壁を越え、異なる部門間でのアイデアや知識の共有を促進する。あるいは、異なる専門分野や背景を持つチームメンバー間の理解を深め、協力を促進し、情報の統合と新たなアイデアの創出を通じて、組織全体のイノベーションを加速させることになる。

筆者はシチズンサイエンスの進展において、市民の中でも一定の科学リテラシー、ITリテラシー、データリテラシーを持つ者を“Scitizen”と定義した議論を展開している（図6-3）。そして、一定の動機づけのもと、データリテラシー、倫理感等がコントロールされたコミュニティが結果的に効率よく知識形成を進め、シチズンサイエンスをリードすることに着目している。あるいは、上記のリテラシー等を持つ研究者が一市民として、自分の本来の専門以外の社会課題や研究課題に取り組み、オープンになった知識（データ）を用いて科学的にアプローチすることで、これまでの手法では得づらい価値を生み出すことに着目している。そもそも、シチズンサイエンスの“シチズン”が何を指すかが曖昧であり、その幅が広いためにデータの質の問題なども起きやすいため、“シチズン”の解像度を一定程度はっきりさせることも狙いとしている。Scitizenの活動においては、Scitizenが科学者や他のステークホルダーとともに協働することで、質の高いシチズンサイエンスを結果的に実現するケースと、Scitizen自身が自律的に質の高いシチズンサイエンスを牽引するケースを想定している。前者の例としては、心理学における認定心理士の活用（科学者と市民の中間層の活用）が挙げられる。日本心理学会では、心理学者ではないが、心理学の一定のスキルを持つ者を認定心理士としている。このScitizenともいえる市民としての認定心理士が相互交流を促進し、心理学の知見の普及、研究者主導型プロジェクトへのビッグデータの提供、認定心理士による自由な研究活動などの検討が2022年まで行われた（高瀬 2018）。また、後者の究極の例としては、先に述べた分散型科学の進展を想定しており、この場合、ブロックチェーン上に存在する人格がすべて民主的にScitizenとして活動に関与することになりうる。ブロックチェーン技術の応用と社会実装にはまだ紆余曲折がみこまれるものの、革新的な動きの中のScitizenの役割を示すことができる。

農林地管理と合意形成においても、このScitizenに注目して今後の活動を捉えることで、新たな展開が生まれる余地があると考えている。例えば、先に述べたシビックテックにおいて、プロボノと呼ばれる専門技術者は、そのプロジェクトを円滑に推進するScitizenとして捉え直すことが可能であり、農林地管理や合意形成においても重要な役割を果たしうる。さらに、5章で述べられているフューチャーデザインの仮想市民をプロボノに見立て、あるいはScitizenの活動として捉え直すことで、オープンサイエンス、シビックテックの潮流を踏まえた未来洞察と合意形成の姿がより具体的となる可能性がある。

5　おわりに

2節の全体的な俯瞰で述べたように、2020年代に入ってCOVID-19などの外部要因や生成AIなどの目まぐるしい技術の発展はあるものの、根本的な社会とその制度や法律の変革までには、世代交代を含む長い時間を要することは想像に難くなく、社会全体としては、2020年代は依然として大きな変化のための助走期間、あるいは変化の端緒であると考えるのが現実的でもある。また、人や組織などの諸事情を踏まえた社会の合意形成にも、世代交代を含むそれ相応の時間がかかるものであり、これまでの不断の積み重ねが無駄になることはなく、むしろそれらが生かされ、手法が効率化するなどの形で漸次的に進化する。そして、その上に新たなコミュニケーションや研究手法が加わり、合意形成の新たな姿として進展していくものと思われる。

参考文献

Chubin, D. E.（1985）“Open Science and Closed Science : Tradeoffs in a Democracy. Science,” *Technology, & Human Values*, 10（2）: 73–80。https : //doi.org/10.1177/016224398501000211

UNESCO（2021）https : //www.unesco.org/en/open-science　E2485―ユネスコ「オープンサイエンスに関する勧告」カレントアウェアネス―E. No. 433 2022.04.21　https : //current.ndl.go.jp/e2485

一方井祐子（2020）「日本におけるオンライン・シチズンサイエンスの現状と課題」『科学技術社会論研究』18：33–45。公開日 2021/04/30, https : //doi.org/10.24646/jnlsts.18.0_33

高木任三郎（1999）『市民科学者として生きる』岩波書店。

高瀬賢吉（2018）「心理学におけるシチズン・サイエンスの可能性」『学術の動向』23（11）：40–45。

濱田太陽（2023）「DeSci Tokyo Conference 2023 開催に向けて考え、動いたこと」https : //note.com/hirotaiyohamada/n/n08ff505af6e3

林和弘（2018）「オープンサイエンスの進展とシチズンサイエンスから共創型研究への発展」『学術の動向』23（11）：12–29。https : //doi.org/10.5363/tits.23.11_12

林和弘（2023a）「科学と社会を再構成する学会、雑誌、大学の創造的破壊に備えよ」『日本と世界の課題』NIRA 総合研究開発機構。https : //nira.or.jp/theme/issues-in-japan-and-the-world/

林和弘（2023b）「オープンサイエンス」日本図書館情報学会編集『図書館情報学事典』丸善出版。

松崎太亮（2017）『シビックテックイノベーション――行動する市民エンジニアが社会を変える』インプレス R&D。

第Ⅱ部

労働力と農地管理の現状を可視化する

第7章
人口動態と農林地維持に要する管理労働力の試算

高取千佳・川口暢子・源慧大

1　国土の管理労力の算定

我が国では人口減少・少子高齢化社会に入り、都市部から農村部、森林部にかけて、低・未利用地や耕作放棄地、管理放棄された森林の増加等が広く見られるようになり、獣害被害の拡大および激甚化する自然災害へのレジリエンスの低下など、国土の荒廃・生態的環境の劣化が懸念されている。井手久登と武内和彦は自然立地的土地利用計画を論じるうえで、住民と土地自然、歴史、産業などの特徴から個性のある景観（風景）を形成するひとまとまりの計画単位を「景域（Landschaft（独））」とし、景域保全（土地自然を保全し土地利用の在り方を考え、地域保全を図るもの）の重要性を示した（井出・武内 1985）。

人口減少によって人口当たりの土地自然の管理負担が大きくなることが課題視されるなかで、農地・森林をはじめとする景域の人為的な維持管理労働量を推計し、その需給バランスを把握することは、景域保全計画の策定において重要である。しかし、様々な景域の維持管理労働量がどの程度であるか、どのような主体により有効に管理してゆくべきか、ということを広域的観点からの統合的かつ定量的な指標による提案はなされていない。国土の適切な管理のためには、多様な主体が共通して活用し、有効に管理を行うための計画策定に資する基盤的情報として上記の労働量を明らかにする必要がある。そこで本章は、多様な景域に投下される維持管理の労働力＝「景域管理作業量」が、現状どういった主体によりどの場所にどの程度投下されているかを算出・可視化し、人口減少下においてどのような場所で、景域の維持管理労働量がどの程度不足するかを予測することを目的とする。また、将来的に景域管理が困難であると予想される地域に対し、対策・将来戦略を提案し、景域管理が持続可能かを評価する。筆者らが中部圏を対象とした景域管理作業量の推計に関する研究を行ってきたので、その内容をご紹介したい（Shimizu et al. 2016）。

2　維持管理労働量に関する先行研究

景域の主要構成要素である緑被地に投下される現状の維持管理労働量に関する先行研究としては、齋藤雪彦らによる中山間部および都市近郊の各農村地域における農地・民家・草地などの空間管理作業に関する研究（齋藤ほか 2001, 2003）、寺田徹らによる里山地域における市民の森林管理に関する研究（寺田ほか 2010）、川口暢子らによる都市緑地の維持管理労働量の推計に関する研究（川口ほか 2016）といった、ケーススタディの蓄積が見られる。一方で、高瀬唯らは緑地保全活動に関するアンケート調査から将来的な緑地保全の労働量の推計を行っている（高瀬ほか 2015）。

景域保全計画の策定には、対象の景域要素の管理に必要な労働量と、管理主体が供給できる労働量の、双方の側面から見た総合的な評価が必要となるが、人工林に関しては植村哲士が持続可能な森林管理のために必要な労働力の需給ギャップを推計している（植村 2010）。しかし、上記の研究はいずれも対象としている景域または地域が限定的であり、各景域に投下される作業量や各地域の景域管理作業量の差をマクロなスケールで比較し、国土レベルでの維持管理労働量の需給を定量的に把握したものは少なく、本章の独自性はここにある。

3　景域管理作業量の算出

本章は大きく二つのフェーズから構成される。一つ目のフェーズでは、景域管理作業量のデータベースを構築し、対象地における景域管理作業量の空間分布をGIS上で可視化する。二つ目のフェーズでは、2010・2050年を対象に、統計情報を用いて2時点の景域管理作業量の増減の把握や、人口減少下における景域管理の持続性の評価を行う。

用語、概念の定義、景域管理作業量の算出方法

各用語・指標の定義およびその算出式を表7-1に示す。本章では、川口らが都市緑地の管理作業量を推計する際に定義した概念・指標を用いている（川口ほか2016）。景域要素は管理主体や管理方法によって、分類できる最小単位の管理対象物として定義し、本章では緑被（樹木、草地、樹林、農地などの様々な植生）を対象の景域要素とする。それらの維持管理にかかる年間総作業時間を景域管理作業量と定義する。次に、各景域要素の一定のまとまりから形成される単位を景域ユニット（例；市街地、水田、畑地、人工林、二次林など）、広域なスケールにおける景域ユニットの任意のまとまりを景域複合体として定義する。

本章では各景域ユニットの作業量（TLAl）を計量し、標準3次メッシュ（1kmメッシュ）を景域複合体の単位として各景域ユニットのTLAlを集計し景域管理作業量（TLA）を算出・可視化する。景域管理作業量は本来、ケーススタディなどの調査から「1人当たりの年間総作業時間（個人年間作業量）×作業人数」といった形で算出されるが、本章では統計資料やヒアリング調査から得られた各景域ユニットの景域管理作業量を、単位面積当たりに換算（作業密度と定義）し、各景域ユニットの面積情報と掛け合わせることで、調査データのない地域を含む広域な対象地の景域管理作業量を推計する。各景域ユニットの面積は植生図より分類した景域ユニット類型図を用いて算出する。景域管理作業量を算出する際に、ユニット総面積（Sl）のうち、実際に

表 7-1　各用語・指標の定義

景域のスケール	作業項目	景域要素(※1)	景域ユニット	景域複合体(標準3次メッシュ)
「景域要素」 …景域を構成する様々な要素。 (建物、樹木、道路、草地…)	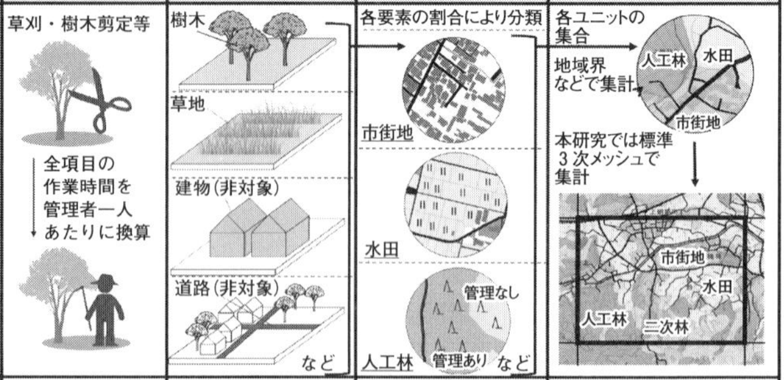 草刈・樹木剪定等 全項目の作業時間を管理者一人あたりに換算	樹木 草地 建物(非対象) 道路(非対象) など	各要素の割合により分類 市街地 水田 人工林　管理なし　管理あり　など	各ユニットの集合 地域界などで集計 人工林　水田　市街地 本研究では標準3次メッシュで集計 市街地　水田　人工林　二次林
景域管理作業量[h] Total annual labor accounts 景域管理に投下される年間作業時間	$TCLA_{jkl}$ $=\sum_{i=1}^{x}(B_{ijkl}\times C_{ijkl})$	TLA_{jl} $=\sum_{k=1}^{x}TCLA_{jkl}$	TLA_{l} $=\sum_{j=1}^{x}TLA_{jl}$	TLA $=\sum_{l=1}^{x}TLA_{l}$
作業密度[h/a] Labor density 単位面積当たりの景域管理作業量	—	TLD_{jl} $=\frac{TLA_{jl}}{A_{jl}}$	TLD_{l} (NLD_{l},GLD_{l}) (※2) $NLD=\frac{TLA_{l}}{A_{l}}$, $GLD=\frac{TLA_{l}}{S_{l}}$	GLD $=\frac{TLA}{S}$
個人年間作業量[h] Personal labor accounts 管理者一人当たりの年間作業時間	CLA_{jkl} $=\frac{TLA_{jkl}}{n}$	CLA_{jl} $=\frac{TLA_{jl}}{n}$	PLA_{l} $=\frac{TLA_{l}}{n}$	$TPLA$ $=\sum_{l=1}^{x}PLA_{l}$
社会的作業強度[h] Social labor intensity 人口一人当たりの年間作業時間	— —			SLI $=\frac{TLA}{P}$
各変数	i：ある管理者 j(J)：ある景域要素 k(K)：jに対する作業項目 l(L)：jを含む景域ユニット	B：iの1日当たりの作業時間 C：iの年間作業日数 n：l の管理者数 S_l：景域ユニットの面積	A_l：景域ユニット内の管理対象の景域要素面積 S：景域複合体の面積 P：景域複合体の居住人口	
本研究における景域管理作業量の算出方法	TLA_l(景域ユニット(l)に投下される景域管理作業量) ＝(S_l－道路面積)×景域要素率(＝緑被率)×管理率(実際に管理されている割合)×管理強度別作業密度(TLD_l)			

※1：本研究で対象とする景域要素は景域に含まれる様々な緑地(都市公園緑地、街路樹、農地、樹林地など)とする
※2：NLD：ネットの作業密度、GLD：グロスの作業密度

管理されている景域要素面積（Al）を算出する必要がある。そこで、景域ユニットに含まれる対象の景域要素（本章における緑被）の割合を「景域要素率」、実際に管理されている面積の割合を「管理率」と定義し、Slから道路面積を除いたものにかけ合わせることでAlを算出する。

4　景域複合体の分類

景域複合体単位での景域管理作業量を把握する意義は、公共の公園や二次林など、土地所有者の範囲を超えて市民が管理に携わる景域ユニットとその範囲を把握することにある。本章では、国土数値情報土地利用3次メッシュより、主成分分析とクラスター分析によって「景域基礎類型図」の作成を

図 7-1　日本の景域複合体の分類

行った。分析には、国土交通省の国土数値情報ダウンロードサービスが提供する 2009 年の 1km メッシュの土地利用データを使用した。

分析の準備として、異なる土地利用間の正規化植生指数（NDI）を用いた。NDI は次のように定義される。

NDI＝（B－A）／（A＋B）

A：特定のメッシュにおける特定の土地利用の面積比

B：同じメッシュ内の別の土地利用の面積比

まず、森林および都市土地利用 NDI、森林および全フィールド NDI、全フィールドおよび都市土地利用 NDI および水田およびその他のフィールド NDI を算出した。主成分分析は、森林比率、総圃場比率、都市土地利用比率、森林および都市土地利用 NDI、森林および総圃場 NDI、総圃場および都市土地利用 NDI および水田およびその他の圃場 NDI の変数を使用して実行した。主成分分析の結果に応じて、クラスター分析を行い、水田型、都市型水田混合型、水田里山型、その他の圃場型、都市型、里山型と自然型の七つの基本的な景観型を類型化した。図 7-2 は、全国の 7 タイプの面積割合を

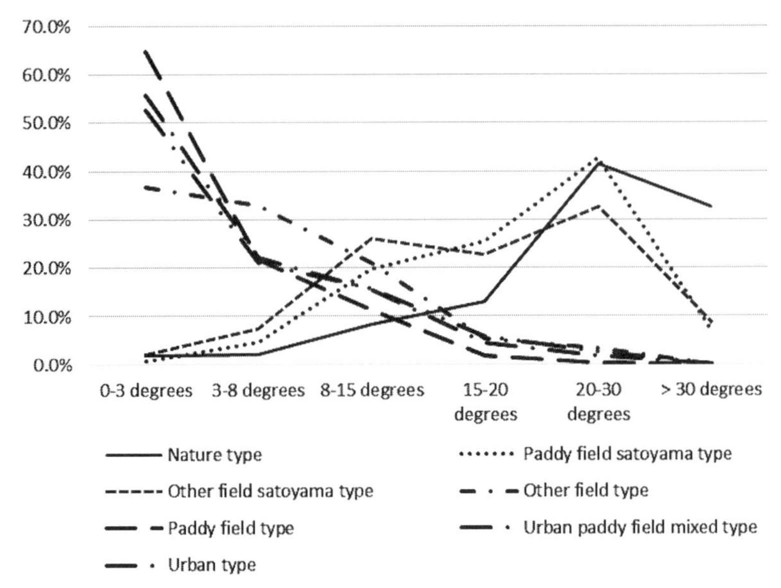

図 7-2　景域複合体別の傾斜分布

示している。

里山の景観に対応する水田里山などの里山タイプの面積は 28.4% を占めるが、人口は 5.9% に過ぎない。それどころか、都市型の面積は 5.7% に過ぎないが、人口は 54.8% に達している。都市土地利用と水田土地利用が混在する都市水田混合型の面積は 4.2% に過ぎないが、人口は 24.0% を占める。したがって、日本人人口の 79% が都市型の混合型と都市型の水田に住んでおり、面積は日本全体の 9.9% 未満であった。

5　景域管理作業量の算出

次に、全国の第一次産業従事者に対し、オンラインアンケートによる管理作業量の回答を行ってもらった（楽天インサイト：2016 年 12 月、回答者合計 558 名）。図 7-3 は、その回答者の分布状況を示している。

図 7-4 は、景域複合体別の農地の管理作業密度の平均値（h/a）を示したものであるが、これを見ると、水稲、畑地（麦）は景域複合体による作業密

図 7-3　全国の第一次産業従事者：オンラインアンケート回答者居住地

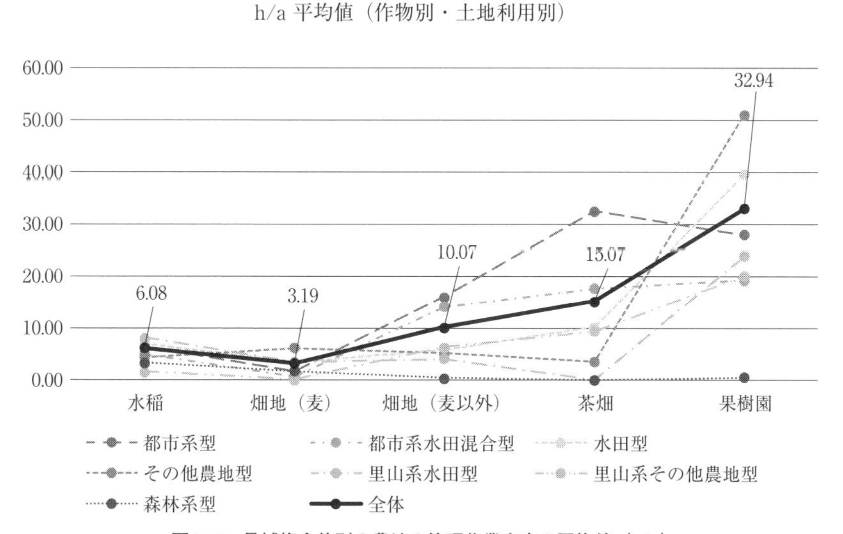

図 7-4　景域複合体別の農地の管理作業密度の平均値（h/a）

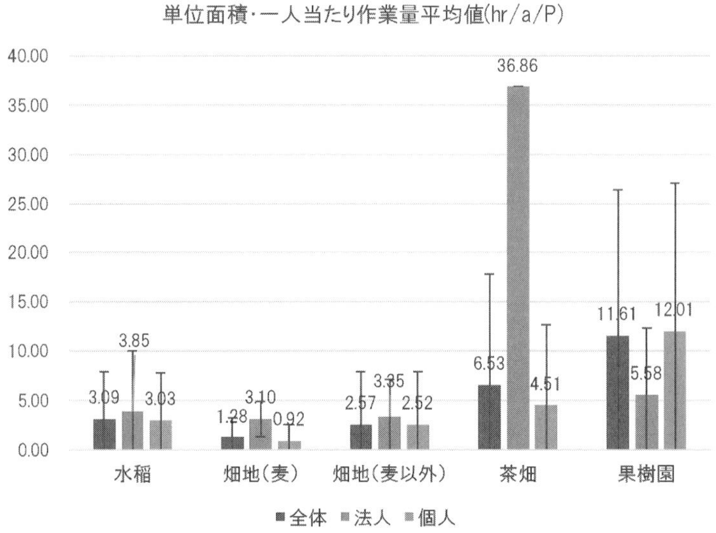

図 7-5　法人・個人農家別の管理作業密度（h/a/P）

度の違いが少ないのに対して、畑地（麦以外）、茶畑、果樹園は違いが大きいこと、また畑地（麦以外）、茶畑では都市系型で作業密度が高く、里山系水田型、里山計その他農地型、森林系型で低いことが分かる。一方、果樹園では、その他農地型、水田型で作業密度が高く、その他農地型、都市系水田混合型で低い値となっている。一方、図 7-5 は、法人・個人農家別の管理作業密度（h/a/P）を示したものであるが、法人の方が全般的に、管理作業密度は高く、特に茶畑では顕著に高いことが分かった。

中部 8 県における作業密度・景域要素率・管理率の算出

さらに、中部 8 県（富山、石川、福井、長野、静岡、岐阜、愛知、三重）に限定して詳細を見る。中部圏の選定理由としては、景域の管理状態を平野部から中山間にかけて広域に把握できること、北海道と沖縄のような極端な気候や風土の違いのない対象地であることから、中部 8 県とした。中部 8 県の人口分布を図 7-7、景域複合体別の人口を図 7-8、地形条件などを図 7-9 に示す。なお、使用データとして人口は国土数値情報将来人口推計メッシュ、

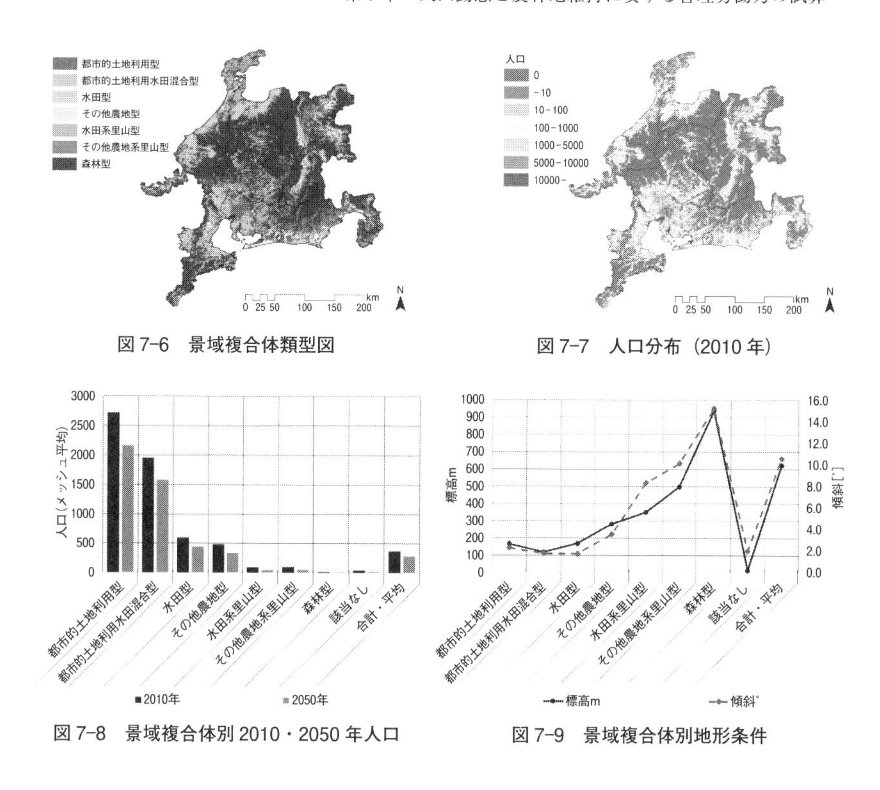

図 7-6　景域複合体類型図

図 7-7　人口分布（2010 年）

図 7-8　景域複合体別 2010・2050 年人口

図 7-9　景域複合体別地形条件

地形条件は国土数値情報標高・傾斜度3次メッシュを用いた。

植生図を用いた景域ユニット類型図の作成

環境省自然環境保全基礎調査植生調査[1]のデータを用いて、植生自然度[2]と管理主体との関係性に基づき景域ユニットの類型図を作成する。中部8県における景域ユニットの分布と景域複合体別の景域ユニットの面積割合（メッシュ平均）を図 7-10 に示す。なお、植生自然度が未分類の植生は、環境省が「伝統的な管理によって持続している二次林や二次草原、希少種が多い畔、希少な動物の生息地となっている群落、市街地に島状に残った二次林など」の群落としているため[3]、本研究では対象地の該当する植生の群落情報から「二次林（アベマキ・コナラ群集）」と分類した。

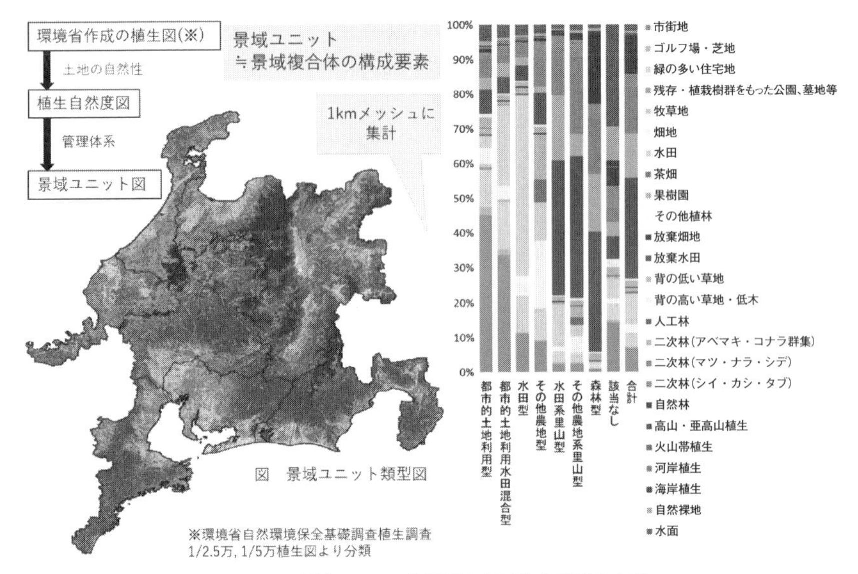

図 7-10　景域ユニット類型図と景域複合体別の内訳

景域複合体別の景域ユニットの構成（図 7-10）より、都市的土地利用型では「市街地」「緑の多い住宅地」「残存・植栽樹群をもった公園、墓地等」、水田型では「水田」、その他農地型では「畑地」「茶畑」「果樹園」、里山型や森林型では「人工林」から「自然林」といった景域ユニットがそれぞれ発達しているなどの対応関係が見られる。各景域ユニットの労働力に関する統計情報を用いて作業密度（TLDl）・景域要素率・管理率を算出するが、統計が整備されていない景域については、ヒアリング調査・既往研究等を用いてデータの不足を補完した。

さらに、労働時間に関するデータはサンプルのばらつきが大きく、同じ景域ユニットでも、周辺の生態系環境を保全するような管理強度（作業頻度、1回あたりの作業人数、作業時間、対象景域要素の違いなど）の高いものから、住民の生活への悪影響を出さない程度の低い管理強度のものまで、様々である。そこで管理強度を考慮するために、作業密度を「高」「中」「低」の三つのレベルに分けて算出を行った。それぞれの強度は、「高」：生態系サービス等を考慮した（質の高い）管理、「中」：良好な景観維持に配慮した管理、「低」：

作業密度[h/a]が変動する要因

1)管理強度（作業頻度、1回当り作業人数、時間…）
同じ景域ユニットでも管理の"質"にばらつきあり
＜管理強度の目安＞
- 「高」：生態系サービス等を考慮した(質の高い)管理
- 「中」：良好な景観維持に配慮した管理
- 「低」：生活に支障の出ない程度の(最低限の)管理

2)効率化係数（機械導入、集約化…）
技術進歩による作業効率の向上
⇒作業密度の低減させる係数の検討が必要
⇒「効率化係数」と定義

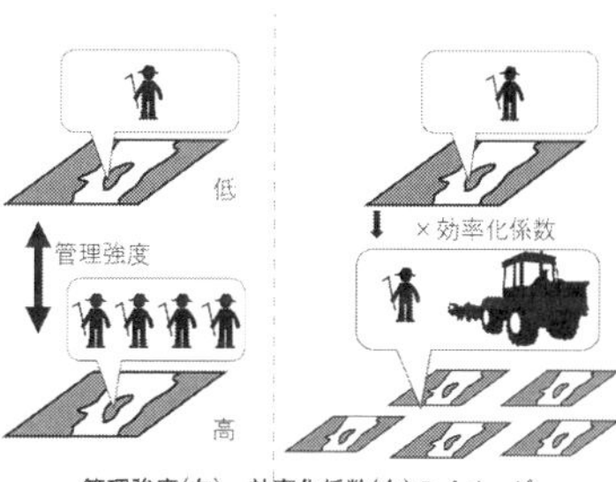

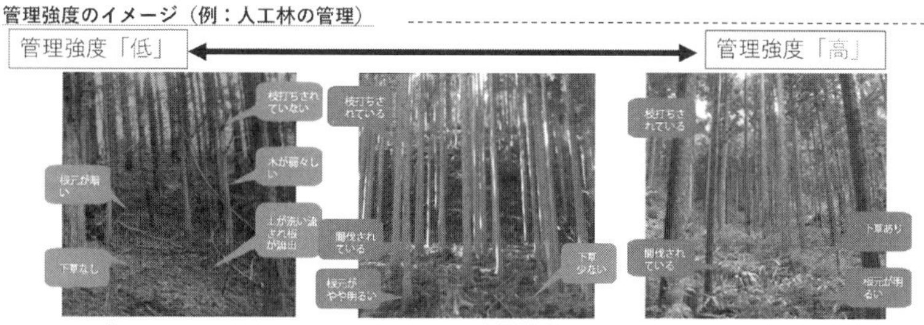

図7-11　管理強度と効率化係数の設定

生活に支障の出ない程度の（最低限の）管理、として設定した（図7-11）。

各景域ユニットの管理強度別作業密度（h/a）、効率化係数を表7-2に示す。植生自然度が7以上の自然性の高い景域ユニットは、人為的な管理がされていないと考えられるためTLDl＝0とする。その他の景域ユニットについては、本調査で管理主体の特定できなかった、景域管理作業量を算出するためのデータが十分に得られなかった等の理由により作業密度を暫定的に0としているため、今後の調査により数値の精査を行う必要がある。

景域要素率は、マクロなスケールにおいては非対象景域要素（建築物・舗装等）の面積が微小であることから、多く景域ユニットで1としているが、「市街地」「緑の多い住宅地」には非対象の景域要素が多く含まれていると考えられる。「市街地」では名古屋市緑の現況調査[4]から同市の緑被率を景域要素率として代入する。また同ユニットのうち、市街化区域等では街路樹の管理もされていると考えられ、道路上[5]の景域要素率も算出する。「緑の多い住宅地」は環境省自然環境保全基礎調査植生調査における同ユニットの定義が「緑被率30％以上」とされていることから、下限値として景域要素率

表 7-2　景域ユニットごとの管理強度別作業密度（h/a）、効率化係数の算出

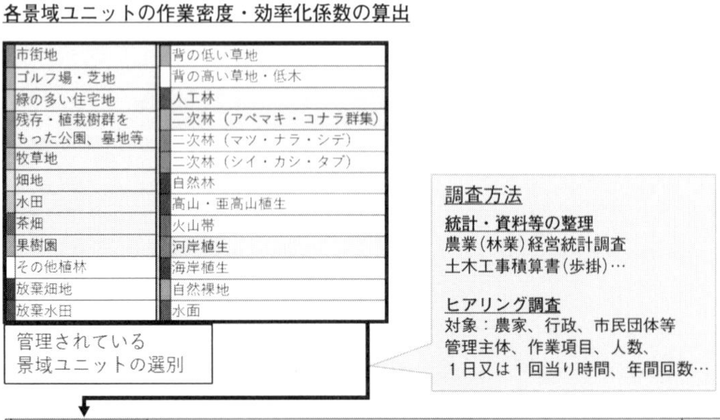

各景域ユニットの作業密度・効率化係数の算出

市街地	背の低い草地
ゴルフ場・芝地	背の高い草地・低木
緑の多い住宅地	人工林
残存・植栽樹群をもった公園、墓地等	二次林（アベマキ・コナラ群集）
	二次林（マツ・ナラ・シデ）
牧草地	二次林（シイ・カシ・タブ）
畑地	自然林
水田	高山・亜高山植生
茶畑	火山帯
果樹園	河岸植生
その他植林	海岸植生
放棄畑地	自然裸地
放棄水田	水面

管理されている
景域ユニットの選別

調査方法

統計・資料等の整理
農業（林業）経営統計調査
土木工事積算書（歩掛）…

ヒアリング調査
対象：農家、行政、市民団体等
管理主体、作業項目、人数、
１日又は１回当り時間、年間回数…

景域ユニット	管理強度別作業密度[h/a]				効率化係数
	高	中	低	各強度の設定基準	
市街地	3.03	2.26	1.18	(高)民有地における作業密度 (中)平均値 (低)公有地における作業密度	1.00
ゴルフ場・芝地		12.53		芝刈りの高さや頻度のばらつきが小さいと仮定し、強度は中のみとする	0.80
緑の多い住宅地	13.96	4.21	2.01	(高)作業頻度の高い地域の戸建て住宅の平均値 (中)名古屋市の戸建て住宅の平均値 (低)作業頻度の低い地域の戸建て住宅の平均値	1.00
残存・植栽樹群をもった公園、墓地等	5.66	1.34	0.13	(高)公園に対するグロス作業密度 (中)平均値 (低)1ha以上の公園に対するグロスの作業密度	1.00
牧草地	3.34	2.77	1.03	「河岸植生」を参考	0.80
畑地	76.00	22.54	12.00	(高)作業密度が比較的高い品目（なす、トマトなどの施設野菜）の数値 (中)作物ごとの加重平均 (低)作業密度が比較的低い品目（たまねぎ、大根などの根菜類）の数値	0.80
水田	2.54	2.28	0.40	(高)稲のみの作業密度 (中)作物ごとの平均値 (低)稲以外（麦類、そばなど）の作業密度	0.80
茶畑	15.50	11.74	11.20	(高)作業密度が比較的高い地域（岐阜県など） (中)(1)の平均値 (低)作業密度が比較的低い地域（静岡県など）	0.75
果樹園	39.34	22.71	16.00	(高)作業密度が比較的高い品目（ぶどう）の数値 (中)(1)の平均値 (低)作業密度が比較的低い品目（かき）の数値	0.80
人工林	5.85	4.12	3.41	(高)50ha未満の林家 (中)全体の平均 (低)50〜500haの林家	0.80
二次林(アベマキ・コナラ群集)	1.41	0.77	0.66	(高)明るい落葉樹林の定常管理 (中)遷移型落葉樹林の定常管理 (低)常緑優先林の定常管理	1.00
河岸植生	3.34	2.77	1.03	(高)住民による年２回の除草 (中)肩掛式機械による年２回の草刈り（国交省など） (低)肩掛式機械による年１回の草刈り（愛知県、名古屋市など）	0.05

を0.3とする。

「人工林」「二次林（アベマキ・コナラ群集）」はユニット全域で管理が行われてはいないため、実際に管理されている割合として管理率を与える。「人工林」は林業経営統計調査から「林家1戸当たりの保有面積の内、造林・伐採が行われている面積の割合」を管理率として設定する。二次林の管理についてはヒアリングの対象地に対する作業面積から管理率が算出可能であるが、地域間のばらつきが大きいと考え、本章では人工林の管理率を疑似的に用いる。

さらに、管理強度とは別に、機械導入や技術進歩によって作業効率が向上する場合が考えられ、それに伴い作業密度を低減する係数を「効率化係数」と定義し、文献調査等から設定する（表7–2）。なお、本章で設定した効率化係数は、機械化によって作業効率が最大限に引き上げられた場合を想定している。

景域管理作業量の算出

さらに表7–2の管理強度「中」の作業密度を用いて、各景域ユニットの作業量（TLAl）および中部8県における景域管理作業量（TLA）を算出し、メッシュデータとしてその空間分布を示した（図7–12）。その結果を見ると、「畑地」「果樹園」のようなTLDlの高い景域ユニットでTLAlが高いという結果が得られた。以上より、景域ユニットとしては農地の作業量が高く、景域複合体としては、平野部や都市域農業地域で高く分布していることが分かった。

次に、作業量と人口との関係性を把握するために人口あたりの作業量を算出した。結果、社会的作業強度（SLI）は中山間地域、特に人口規模が100人未満のメッシュで高く、住民の景域管理の負担が大きいことを示している（図7–13）。

また、2010年から2050年にかけての人口予測を元年、景域管理作業量の増減（2010～2050年）を示したものが図7–14である。2010年におけるTLAをTLA（2010）とし、TLA（2010）が人口動態に比例して変動することを条

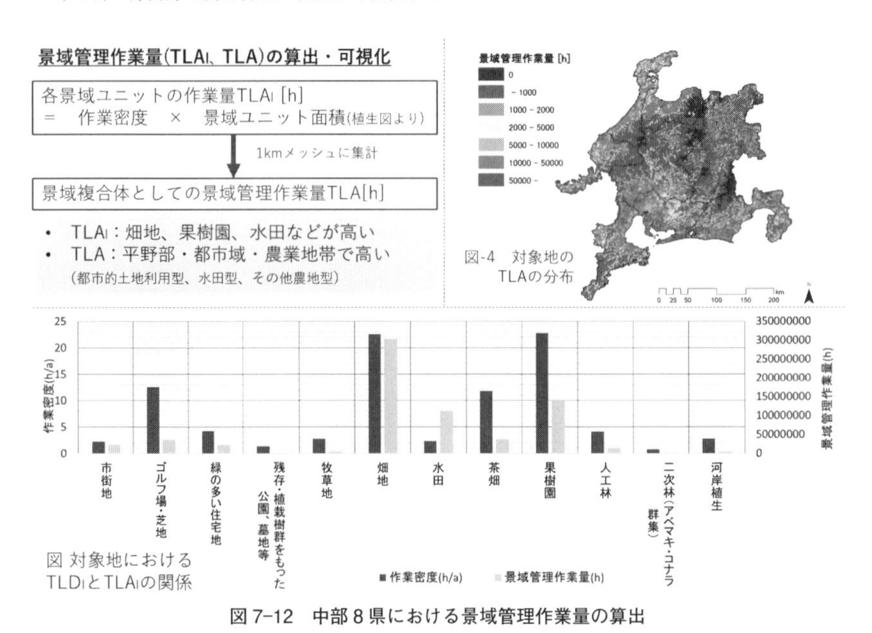

図 7–12　中部 8 県における景域管理作業量の算出

件に TLA（2050）を以下の式で算出を行った。

TLA（2050）= TLA（2010）×（2050 年人口）／（2010 年人口）

TLA（2050）–TLA（2010）は同じ管理水準（管理強度）を維持した場合の、管理されている景域要素面積および景域の管理者の増減、TLA（2050）／TLA（2010）は管理面積を維持した場合の、景域管理の水準（管理強度）の経年変化を把握することができる。TLA（2050）– TLA（2010）より里山型の二つのタイプで管理面積の減少率が大きく、一部の地域を除き、景域管理作業量が現状より減少する地域が多いこと、面積に換算すると平野部の農地より中山間地域での減少幅が大きいこと、また里山型では管理できる面積が半分以下になることが示されている。また、景域ユニット別に TLAl（2050）／TLAl（2010）と管理強度の比（「低」／「中」）および効率化係数を比較すると、「茶畑」や「人工林」などは管理の低強度化・効率化をしても将来的に景域管理が困難になることが予想される。

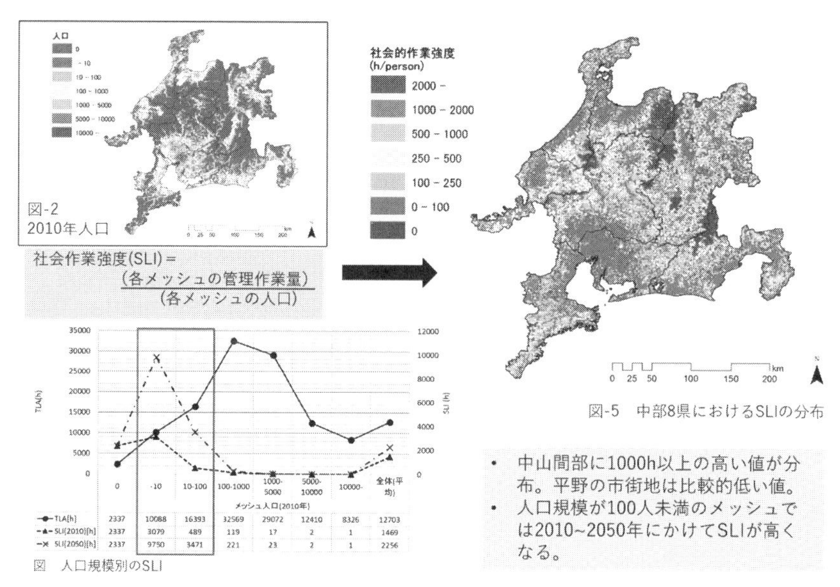

図 7-13　社会的作業強度 SLI による分析

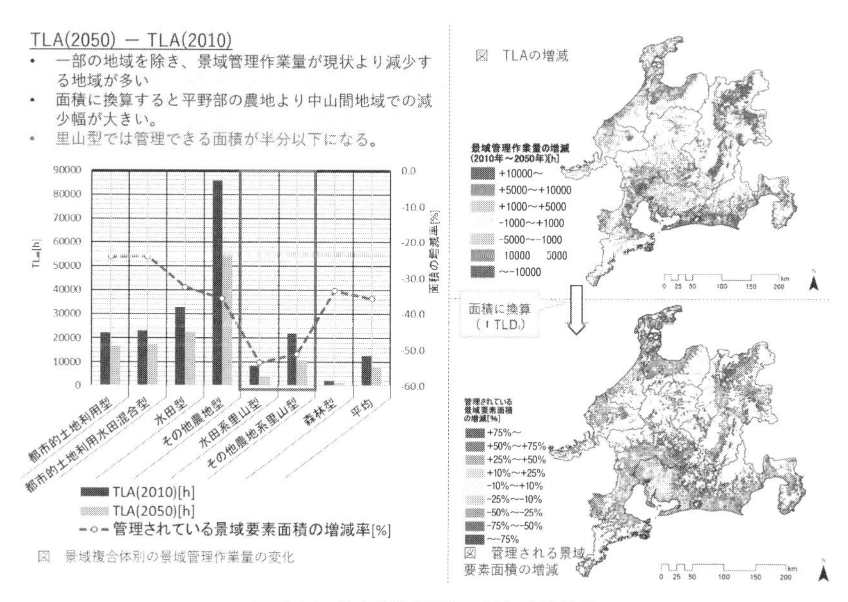

図 7-14　社会的作業強度 SLI による分析

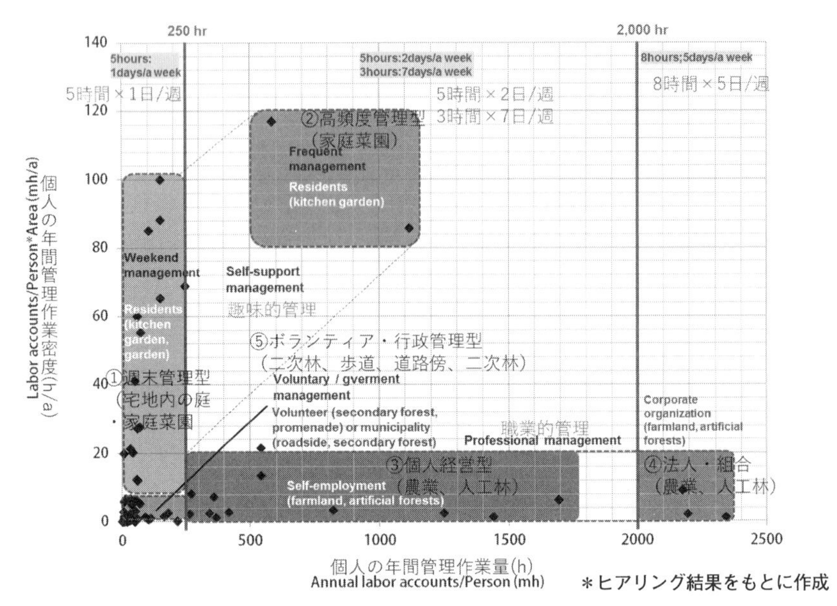

図 7-15　横軸に個人の年間管理作業量（h）、縦軸に年間管理作業密度（h/a）

景域管理者の推計作業形態タイプの分類

また、本省で得られた景域ユニットに対しての管理労働量を、管理者ごとでまとめたものが図 7-15 である。横軸に個人の年間管理作業量（h）、縦軸に年間管理作業密度（h/a）を示している。これを見ると、大きく五つのタイプに分かれ、

① 週末管理タイプ（週５時間程度の労働を１日のみ行うタイプ、宅地内の庭や、家庭菜園等を行っている人に見られた）
② 高頻度管理タイプ（週５時間を２日、あるいは週３時間を７日間行う、家庭菜園等によく見られた）
③ 個人経営タイプ（農林業従事者で個人の経営体に多く見られた。年間の労働時間はばらつきが大きい一方、管理作業密度（h/a）は比較的低い傾向にある）
④ 法人・組合タイプ（法人等で雇われている農林業従事者、週８時間

を５日間と管理作業量は高い一方で、管理作業密度は低い傾向にある）

⑤　ボランティア・行政管理タイプ（管理作業量も作業密度も低い。二次林等の里山管理にみられる）

であった。

このように、各管理者タイプの特性、働き方を組み合わせ、各地域にどのような将来の担い手を増やすべきか、またその担い手によりどの程度の面積の農林地管理が可能になるかの一定の試算が可能になる。

6　まとめ

本章では景域管理作業量などの指標から、景域管理に必要な維持管理労働量の推計および可視化が可能となった。また、広域なスケールでの概算により、特に中山間・里山地域で将来的に景域管理が困難であることが明らかになった。しかし、そのような中山間・里山地域では、生態系サービスの保全等の観点からも管理強度を低下させられない地域が多く分布する。本章では、管理労働量を明らかとしたが、生態系サービスとの両面から、今後積極的に管理・保全すべき場所と、ある程度粗放化すべき場所を判断していくための知見が必要となる。

このように、人口減少下で景域管理作業量がどの程度不足するかを概算することで、今後地域における将来戦略において、その地域における景域管理の持続性を評価することができる。本章で得られた結果を実際の景域保全計画に展開する際は、より詳細なスケールで集落レベルでの景域複合体の特徴を把握し、管理強度の観点から、保全すべき景域がどこなのか、どのような目的でその景域を維持管理するのか、経済的労働量面からどの程度の管理が可能か、といったことを明確にしたうえで、適切な景域の維持管理労働量を算出することが望まれる。さらに、将来の農林業担い手としては、法人・個人の経営体、および半農半Ｘ等やボランティア等のそれぞれの担い手が算出可能な管理作業量、作業密度の特性を踏まえ、地域の景域管理とのバランスを図っていくことが重要と考えられる。

【補注】

1) 環境省自然環境保全基礎調査植生調査の5万分の1植生図（第5回調査まで）と2.5万分の1植生図（第6回・第7回調査）の凡例対応表を用いる。対応表は http://gis.biodic.go.jp/webgis/sc-018.html#anchor03 を参照

2) 「植生自然度」とは、植物社会学的な観点から、群落の自然性がどの程度残されているかを示す一つの指標として導入されたものである。

3) 環境省自然環境局：1/2.5万植生図の新たな植生自然度について、http://www.biodic.go.jp/event/2016/syokuseizu.pdf

4) 名古屋市緑の現況調査の植生分類。下記参照。
http://www.city.nagoya.jp/shisei/category/53-3-3-1-0-0-0-0-0-0.html

5) 道路面積は基盤地図情報データの道路地図より算出。
http://www.biodic.go.jp/J-IBIS.html より引用。

参考文献

Shimizu, Hiroyuki（2016）"Japanese Basic Landscape Types, and Change in Population and Urban Land Use," Shimizu, Hiroyuki, Takatori, Chika, and Kawaguchi, Nobuko（eds.）, *Labor Force and Landscape Management : Japanese Case Studies*, Chapter 2, Springer.

Shimizu, Hiroyuki, Takatori, Chika, Kawaguchi, Nobuko, and Minamoto, Keidai（2016）"Integration of Landscape Management Labor Accounts," *Labor Force and Landscape Management : Japanese Case Studies*, Chapter 17.

井手久登・武内和彦（1985）『自然立地的土地利用計画』東京大学出版会。

植村哲士（2010）「日南町における40年間にわたる森林管理労働力に関する持続可能性ギャップ分析」『林業経済研究』56（1）：69–80。

川口暢子・高取千佳・村山顕人・清水裕之（2016）「都市における経緯管理作業量推計手法の提案——名古屋市内の緑地を対象としたケーススタディ」『都市計画論文集』51（3）：581–588。

齋藤雪彦・中村政・木下勇・筒井義富（2001）「中山間地域の水田集落における生産、居住空間の空間管理作業に関する研究——茨城県七会村大網集落、真壁町入山尾集落をケーススタディとして」『日本建築学会計画系論文集』539：163–170。

齋藤雪彦・吉田友彦・高梨正彦・椎野亜紀夫（2003）「都市近郊農村地域における集落域の空間管理の素封家に関する基礎的な研究——茨城県つくば市N集落をケーススタディとして」『日本建築学会計画系論文集』566：39–46。

清水裕之（2015）「標準地域3次メッシュを用いた日本の国土の土地利用の変化と人口・世帯変化の観察と類型化」『日本都市計画学会論文集』50（1）：107–117。

高瀬唯・古谷勝則・櫻庭晶子（2015）「緑地保全活動に対する市民の労働意思量と属性及び参加意識の関係」『ランドスケープ研究』78（5）：619–624。

寺田徹・横張真・ジェイ・ポルトハウス・松本類志（2010）「都市近郊での森林施業計画に基づく市民による里山管理活動の実態」『農村計画学会誌』29：179–184。

第８章
リモートセンシングを活用した農地管理・転用の実態把握

高取千佳・謝知秋

1　中山間部における農地・森林の管理や転用の及ぼす影響

今日、国内各地の中山間部・里山地域では、農林業従事者が高齢化し、それまでお米やお茶、麦や野菜を育てていた農地や、山に植えたスギやヒノキ等の森にも、管理に手が回らなくなってしまうケースが増えている。農家数は2020年において136万1000人で5年前にくらべて39万6000人減と過去最大の減少数となり[1)]、荒廃農地面積については、全国で約28.2万haとなった。一方、そうした手が入らなくなくなった農地が広がると、イノシシやシカ、サル、クマ等の野生生物が家屋の近くまで侵入し獣害の被害が拡大することが懸念されている。また、特に乾田化された後に放棄され、地下水位が低い水田や周囲に樹林のない水田は、生物多様性の低下や侵略的外来種が優占する傾向がある（池上ほか2011）等、生息地の変化や、生物多様性の低下も懸念されている。一方で人工林の管理放棄が広がると、林内に日光が入りにくくなり、下層植生が繁茂しなくなる。その結果、土壌が流出し、地表面の浸透能の低下を引き起こし、洪水流出のピークを大きくするとともに、土砂流出等の災害のリスクが高まることも心配されている（小松ほか2013）。さらに、気候変動に伴う異常気象が大規模災害等の危険性を高め、深刻な影響を及ぼしている。その結果、その地域に住みにくくなり人が離れ、さらに

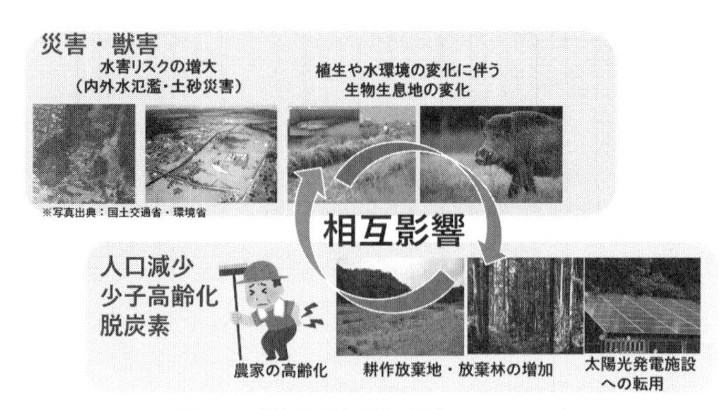

図 8-1　耕作放棄と環境の悪化の負のループ

農地や森林の管理不足を引き起こすといった、負のループが生み出される（図 8-1）。

一方、気候候変動のリスク緩和のために、日本でも 2050 年の脱炭素の実現に向け、ロードマップが示された。そのなかで、再生可能エネルギーの供給面において、新たな太陽光発電施設の設置が注目され、全国的に急速に設置が拡大しているとともに、その環境への影響について、基礎自治体においても議論が活発化している。太陽光発電施設は、土地の確保の面からも、郊外や農村集落の耕作放棄地などの農林地に設置されるケースが多い。しかしながら、太陽光発電施設をはじめとする再生可能エネルギー施設の立地が地域景観に与える影響は、決して小さいとは言えない。無秩序・無計画な太陽光発電施設の設置は、農地の生産性の低下のみでなく、景観向上や生物多様性、水資源の維持や防災・減災などの生態系サービスに負の影響を与えることが懸念されている。

このように、人口減少下において、農地・森林の管理や転用が急速に変化する現状にある。そこで本章では、三重県櫛田（くしだ）川流域を対象とし、まず、農地に着目し、前章で述べた管理作業量を指標とし、特に上流に位置する中山間・里山地域における農地の管理作業量を現地の農業従事者へのヒアリングを通し、その課題を明らかとする。次に、近年入手可能となった高解像度のリモートセンシングデータおよび筆ポリゴンデータを活用し、現状での農地の作物や耕作状況、および太陽光発電施設への転用の実態把握を行う手法を検証する。さらに、その地理的な分布傾向の分析と、環境面への影響評価を行う。

2　三重県櫛田川流域における農地の管理作業量

日本の中央部に位置する三重県の櫛田川流域（図 8-2）は、松阪市、多気町、明和町の 3 カ所で構成されている。地域は温帯モンスーン気候で、2021 年の平均気温は 16.4℃ である。総面積 767.62km^2、総人口約 20 万人（2015 年）のこの地域は、都市部の約 82% を森林と農地が占める典型的な農業都市である。櫛田川流域においても、農業経営者の高齢化が進み、総務省統計データ（E-STAT）から計算すると、2015 年から 2020 年の 5 年間で 55 歳以下の農業経営者は全体の 10.1% から 8.5% に減り、65 歳以上の経営者は 62 %から 70.5% まで増加している。平均年齢の上昇による管理難易度の増加は、将来の農林管理について避けられない問題である。こうした地域過疎化及び農業経営体の減少により、地域の農地は耕作放棄や、太陽光発電施設への多くの転用が見られている。

ここで、下流域（例えば、松阪市朝見地区等が該当）は、主に水田型に位置し、農業経営体による大区画化された農地・法人化が進む一方、中流域は里山型（多気町丹生地区等が該当）が位置し、水田系・その他農地系に位置し、主に農林業経営体による小規模農地、農地は茶栽培も広く行われ、一部法人化される傾向にある。さらに上流に至ると、森林型の景域複合体（三重県波瀬地区等が該当）に位置し、主に林業経営体、また森林組合・企業が立地する傾向にある。それぞれの地域において、災害（土砂災害・氾濫）や獣害被害等の環境面での課題が異なる状況にある。

ここで、松阪市朝見地区・多気町丹生地区の管理の実態に関しては、『Labor Force and Landscape Management-Japanese Case Studies』（Shimizu et al. 2016）で詳細を述べているため、そちらを参照されたい。本章では特に、上流から下流に至る農地の地理的立地条件が管理作業量に影響を与える要因を分析した。

櫛田川上流に位置する松阪市飯高地域の農業従事者の方によると、櫛田川

地域類型	松阪市・多気町	主な経営体	農地の大規模化・法人化	人工林の管理	課題
森林型	乙栗子・波瀬	林業経営体	小規模農地・法人無し	組合・企業	獣害・災害(農地と森林の境界部)
里山型（その他農地系）	宮前	農林業経営体	小規模農地・農地は一部法人化	組合・企業・一部自伐林家	獣害・災害
里山型（水田系）	丹生	農林業経営体			獣害・災害
水田型	朝見	農業経営体	大規模農地・法人化が進む	無し	土地改良による生物多様性低下・災害

図 8-2　三重県櫛田川流域の景域複合体ごとの農林業経営体の分布

沿いの開けた谷地では、約 60 年前に、耕地整備という水田をより管理しやすくするための基盤整備が行われたことを示す石碑があった。そうした水田では、川から水田までの標高差が存在するため、櫛田川から、機械を用いて水をポンプアップし、水田に水を引いている。ただ、やはりその電気代や機械の管理のための人件費も必要になっている。また、こうした櫛田川の上流に位置する水田は、下流部の水田に比べ、一筆一筆の農地の面積が小さいことから、田面を囲む畦畔（けいはん）が相対的に多く分布している。そうした畦等の草刈りが、一年間に 1a（アール）あたり 1.4 時間の作業時間が必要になるとのことであったが、これは下流部の水田よりも、同じ面積あたり、4 倍から 5 倍の労働時間が必要であることを意味する。今では、こうした水田を担い手としての農家に一部作業を委託しているとのことで、農家の高齢化もあわせ、全ての作業は将来的にも賄いきれない、という声が聞かれた。

さらに波瀬地区における谷あいの地区で、数年前から数十年前に、かつて水田だった場所を案内いただいた（図 8-4）。そうした農地は、櫛田川から水

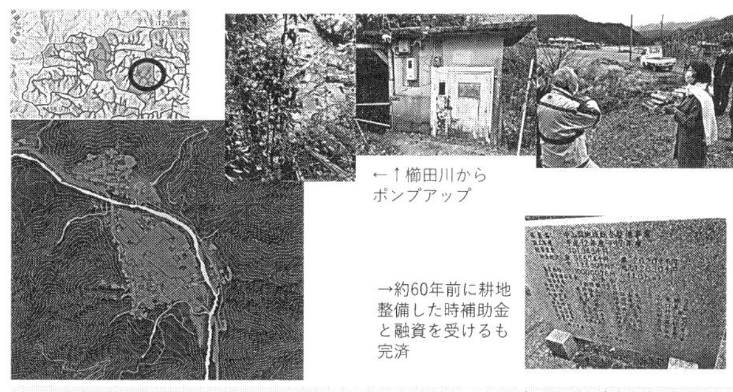

図 8-3　櫛田川上流域・波瀬地区における水田の管理状況

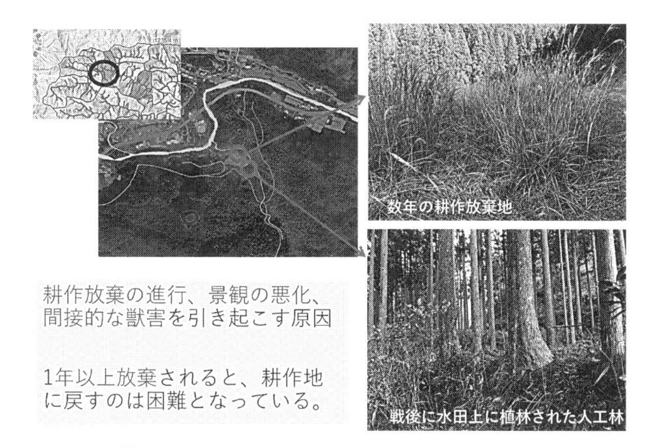

図 8-4　櫛田川上流域・波瀬地区における耕作放棄地となった水田

をポンプアップするのではなく、谷からの湧水を水田に利用していた。さらに、最も谷の奥深くにある水田は、戦後に植林され人工林へと変化した様子が伺える。一方、水田は、一定期間以上の耕作放棄が行われると、草が 1m 以上の高さに伸び、また樹木まで生えてしまうため、そうした状態になった場合には、一度耕作地に戻すことは困難であり、水が抜けてしまい、水田に必要な水はりができなくなってしまうという声が聞かれた。こうした耕作放棄が、民家の近くにまで進んでしまうと、景観の悪化や間接的な獣害を引き起こす要因にもなりうるとのことであった。

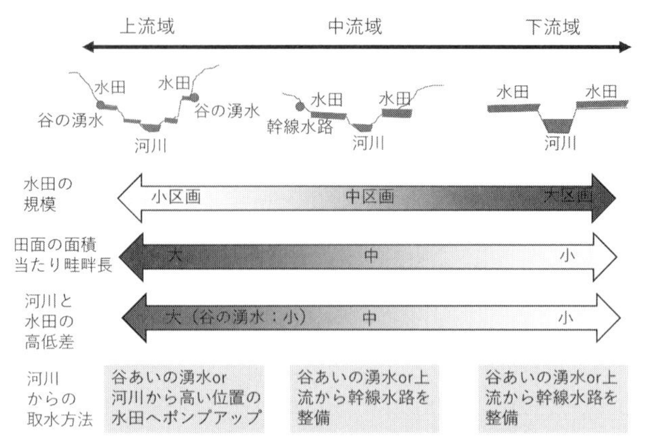

図 8-5　水田の管理作業量と河川との標高差の関係

以上のように、ヒアリングで明らかとなった話をダイアグラムに示したものが図 8-5 である。上流に行くほど、水田の面積規模は小規模・小区画となり、田面の面積あたりの畦畔の長さは増大する。一方、河川と水田の高低差は高くなり、まとまった水田は河川から機械式でポンプアップするか、あるいは谷の湧水を活用し、水を取得していた。このように、地理的な条件が、水田の管理作業量（1 年間で管理にかかる労働時間）に影響を及ぼしていること、上流の水田は管理により多くの時間が必要とすること、人口減少と合わせ、そうした管理の大変さが、耕作放棄が進んでしまう一つの要因となることが想定される。

そこで、GIS（地理空間情報システム）を使い、宮前（みやまえ）地域、波瀬地域の農家 20 名（農地数：535 カ所）へのアンケートをもとに、農地の管理作業量をマッピングした（図 8-6）。その結果、平均管理作業密度は 5.42（h/a）となり、また作物により、1.24（h/a）から 101.93（h/a）とばらつきが大きかった。また、「作物選定の理由」は主に「先代から受け継いだから」が多く、余った土地がある場合には経済価値が高い作物も育てていた。また、「苦労を感じていること」については、「生物的影響（虫、獣害）」が最も大きく、次に「自然的条件（日照時間）」と「社会的条件（人材不足）」であった（図 8-7）。

次に、特に水田に着目し、農地から水路までの距離と標高差、農地の傾斜

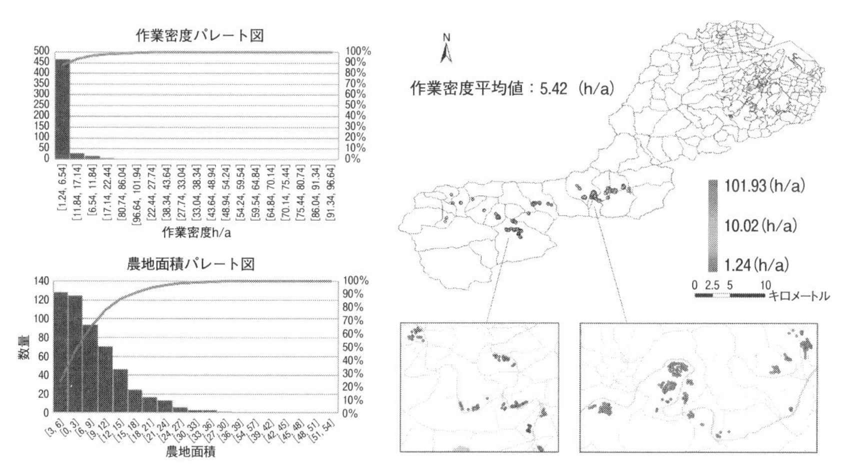

図 8-6　農地の管理作業量の分布

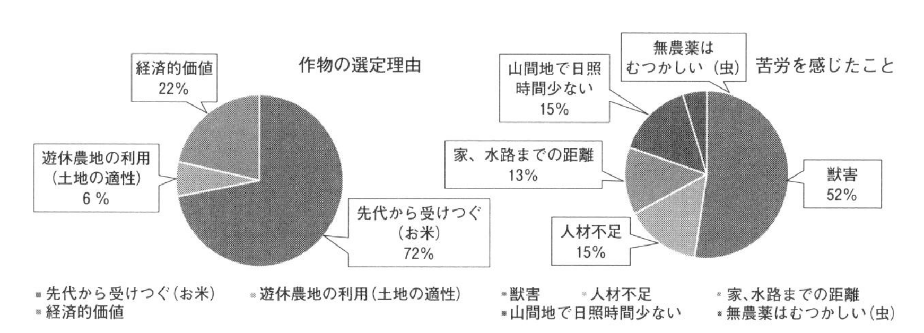

図 8-7　作物の選定理由と苦労を感じたこと（アンケートより）

方向、農地から道路までの距離、農地の傾斜角等、どういった地理的な要因か、管理の労力に有意に影響するのかを分析した。その結果、有意に影響があったのは水田と水路（河川）までの距離であり、これはすなわち農地と「最寄りの川との標高差」による影響と管理作業量の相関が最も高いことを示す。また、作業項目別の管理作業密度を見ると、水管理にかかる作業との相関が高い傾向が示された（図 8-8）。

3　リモートセンシング・光学センサを活用した農地転用の実態把握

このように、中山間部における農地の管理の負荷の特性上からも、農家の

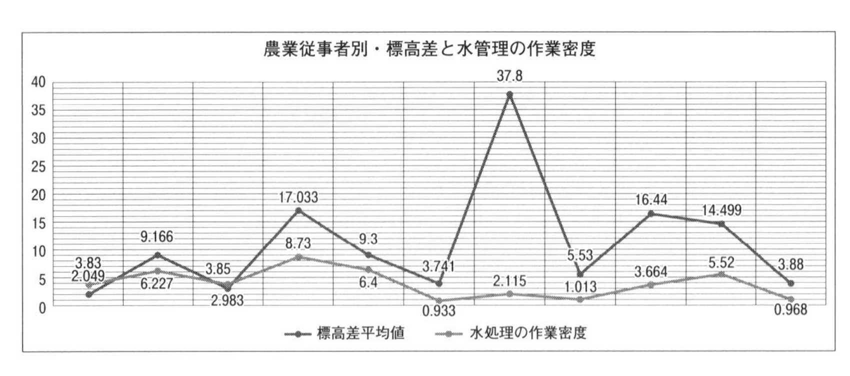

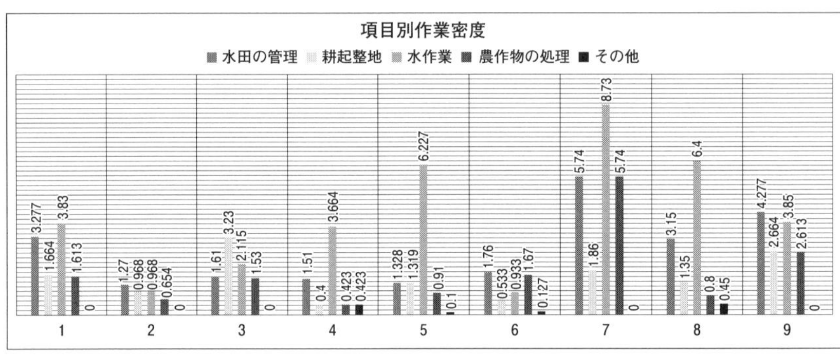

図 8-8　農業従事者別の水管理作業蜜度と標高差の関係／項目別作業密度

担い手数が不足していることにより、耕作放棄地が発生・増加傾向にある。一方、こうした耕作放棄地に対し、近年における再生可能エネルギーとしての太陽光エネルギーへの注目の高まりとともに、櫛田川流域においても、太陽光発電施設が多く設置され始めている。三重県では、比較的日照条件に恵まれた良好な地域特性を生かし、太陽光発電施設の導入を促進してきたが、自然環境や景観との調和が地域課題として顕在化していることから、太陽光発電施設の適正導入を図るため、2023 年 4 月に「三重県太陽光発電施設の適正導入に係るガイドライン」を策定した。一方、多くの農家は規制が発令する前に農地を太陽光発電施設に転用したことから、一連の環境問題になっている。そこで、これらの懸念に応えるために、太陽光発電施設への転用パターンの実態を把握することが重要である。

一方、近年では、欧州連合（EU）とヨーロッパ宇宙機関（ESA）の地球

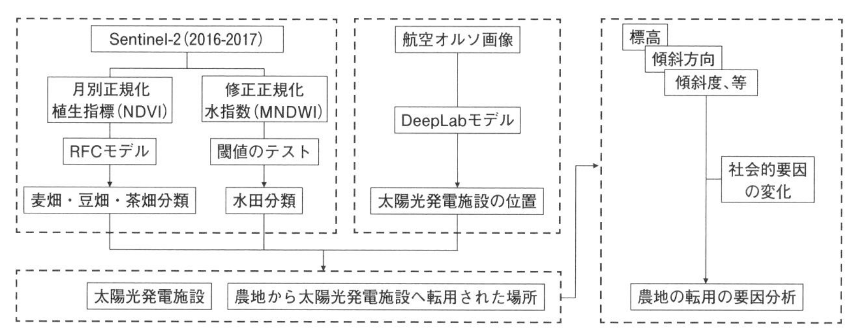

図 8-9　Sentinel-2 データを活用した作物・太陽光発電施設分類の手順

観測プログラム「コペルニクス計画」によって開発された地球観測衛星が撮影する衛星画像 Sentinel データにより、地球全体で、高時空間分解能のリモートセンシングデータ[2)]が入手可能となっている。また、農林水産省では、2022 年より、オープンデータ化された筆ポリゴンデータ[3)]が入手可能になっている。なお「筆ポリゴン」とは、GIS ソフトウェア等において利用可能な農地の区画情報であり、農林水産省統計部が標本調査として実施する耕地面積調査等の母集団情報として整備したものを基とする。このように、近年急速に普及しているリモートセンシングデータやオープンデータを活用し、本章では、農地の管理および転用の実態把握の方法論の検証を行う。

まず、櫛田川流域において、2017 年から 2022 年にかけて、Sentinel データ・筆ポリゴンデータを活用し、農地の耕作されている作物および太陽光発電施設に転用された農地を AI 技術により判別を行った（図 8-9）。具体的には、GIS ソフトを活用し、櫛田川流域全体の農地および近年急速に普及の進む太陽光発電施設をマッピングした。次に、Sentinel-2 データおよび、現地でヒアリング調査結果をもとに、この地域の農地を「水田（PF）」「麦畑（WF）」「茶（TF）」「豆（BF）」の四つに大別した。さらに、どういった作物の農地が太陽光発電施設に、より転用されやすいかに関して、その地理的状況とあわせた分析を行った。

具体的には、衛星画像データから緑地、水域などを示す指数を算出し、それらの変化パターンより、松阪市の畑を同市の主な農産物である麦、茶、豆類の 3 種類に分類した。また、調査地域の 2017 年 2 月～6 月（水田灌漑期

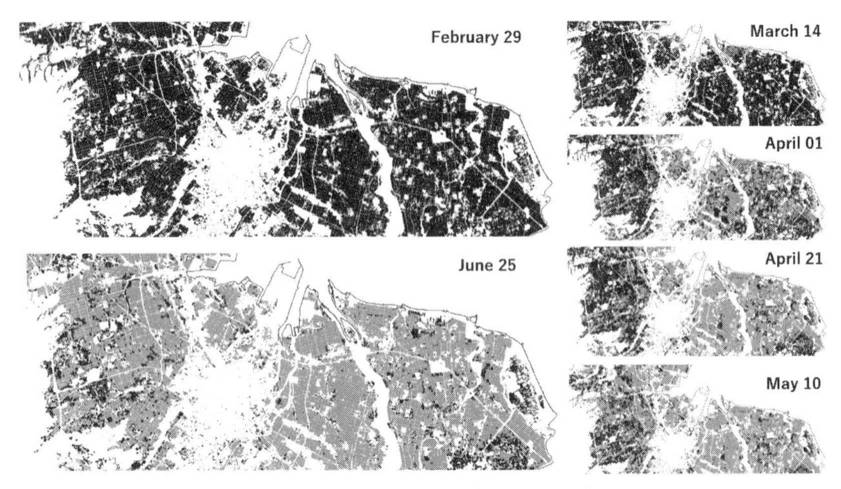

図 8-10　MNDVI の変化（一部のエリア）

間）の衛星画像から、水田の面積と枚数を計算した。指標としては、水田の灌漑期間による修正正規化水指数（MNDWI）（Mcfeeters 1996）で水田と他の農地を分けることができる。修正正規化水指数の計算式（1）は以下の通りである（図 8-10）。

MNDWI＝(G-SWIR)／(G-SWIR)……(1)

さらに、調査地域の 2017 年 2 月～6 月（水田灌漑期間）の MNDWI 時系列変化画像を算出し、統計観測から閾値を－0.05 に設定した。農林水産省が提供する農地地域データから MNDVI 値の閾値より大きい地域（水域として特定）を抽出し、水田の面積と枚数を計算した。現在、植生を評価する指標として、植生被覆の可視光と近赤外光の反射率の差から植生密度を推定する正規化植生指標（NDVI）（Zhao et al. 2021）が緑地・農業の分野で広く用いられている（式 2）。

NDVI＝(NIR－R)／(NIR＋R)……(2)

作物によって発芽成長時期が異なるため、正規化植生指標（NDVI）の周期的な変動も異なる可能性がある。Sentinel-2 画像を用いて、2016 年 11 月

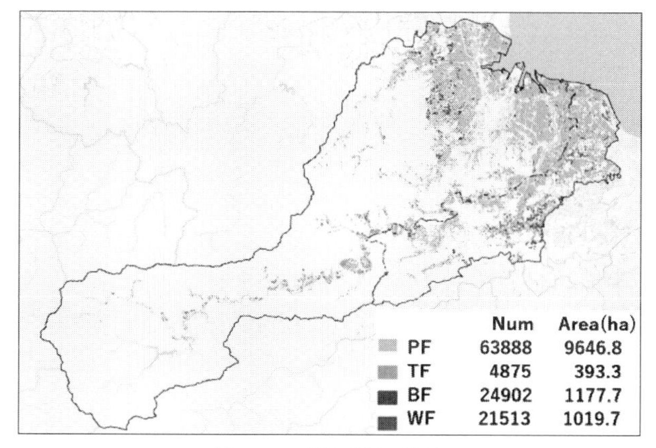

図8-11　農地分類の結果

表8-1　農地分類の結果

	水田（ha）	茶畑（ha）	豆畑（ha）	麦畑（ha）
予測値	9646.8	393.3	1177.7	1019.7
実際	9051	378	962	1175
誤差	6.58%	4.04%	22.42%	13.21%

農地から転用された太陽光発電施設の位置特定

から2017年10月までの月別正規化植生指標（NDVI）画像を算出した。なお、1月、7月、10月は雲の影響を受けるため、正規化植生指標（NDVI）を算出できないことから、9月のNDVIを独立変数とし、機械学習モデルを用いて農地を麦畑、茶畑、豆畑の3種類に分類した。先ずGoogle Earthと現地調査から人工確認で茶畑154枚、麦畑206枚、豆畑150枚をラベル付き、そのNDVI値をモデルの学習とテストのためのサンプルとして使用した。510サンプルのうち、学習サンプルを70%、テストサンプルを30%とした結果、モデルのaccuracy値は0.91があり、有意義なモデルとして考えられる（図8-11、表8-1）。

続いて、この結果を用いてどういった立地・作物の農地が太陽光発電施設へ転用されやすいのかについて調査・分析を行った。まず深層学習を用いて、2016年から2021年にかけて太陽光発電施設に転用された農地を特定した。転用枚数を分析した場合、都市周辺部と中山間部の両方が高い密度で推定さ

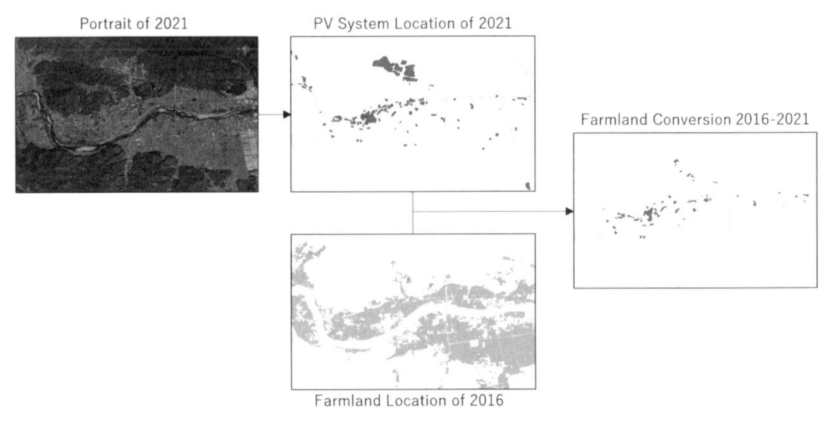

図 8-12　農地に転用された太陽光発電施設（PV System）の位置特定の流れ

れた。一方、面積が集中していたのは都市周辺部のみであった。方法としては、まず ArcGIS pro の深層学習モジュール DeepLab モデルを用いて 2021 年の航空写真画像を解析した。DeepLab は Fully Convolutional Neural Networks（FCNs）を基づいて構築された画像解析モデル（Liang-Chien et al. 2017）で、特定種類の対象物を画像から抽出することができ、今では土地利用や環境緑地の分野で広く使われている。そこで、このツールを用いて、航空写真から 2021 年の全ての太陽光発電施設の数と位置を導き、検証・修正を行った。また、これらの太陽光発電施設位置情報を 2016 年の農地データと GIS 上で重ね合わせ、2016 年から 2021 の間に太陽光発電施設に転換された農地の種類ごとの件数と場所の情報を導いた（図 8-12）。また、太陽光発電施設の面積は必ずしも元の農地と一致してはいないので、今回の解析で、太陽光発電施設はその農地の 50% 以上の面積を利用した場合、その農地は転用されたと見なした。

さらに、農地の種類別で分析し、太陽光発電施設に転用された農地の特徴を導いた。その結果、約 11 万カ所の農地のうち、1050 カ所が太陽光発電施設に転用され、全体の 0.91% を占めていた。転用した枚数の分析では、都市周辺部と中山間部の両方が高い密度で推定された。一方、面積が集中していたのは都市周辺部のみであった。農地の種類から見ると、転用面積が最も多いのは麦畑の 0.93%（1019ha のうち 20ha）だが、茶畑は 0.47%、水田は

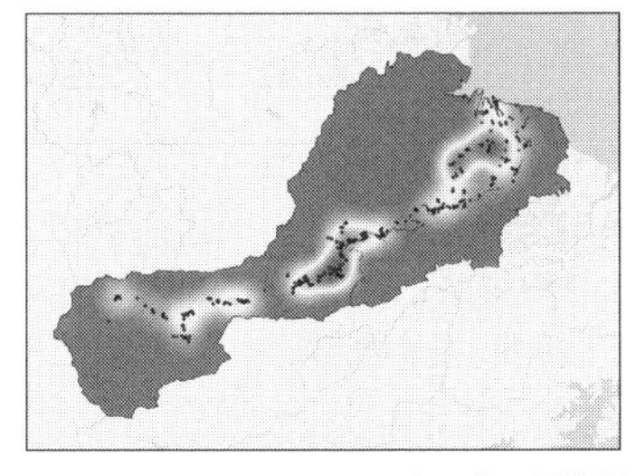

	水田	茶畑	豆畑	麦畑	合計
数	63888	4875	24902	21513	115187
面積(ha)	9646.8	393.3	1177.7	1019.7	12237.5
転用数	431	32	247	340	1050
転用面積(ha)	45.52	2.13	9.56	20.72	77.93
転用数（%）	0.67%	0.65%	0.99%	1.58%	0.91%
転用面積（%）	0.47%	0.54%	0.81%	0.93%	0.64%

図8-13　太陽光発電施設に転用された農地の分布と作物別の転用数

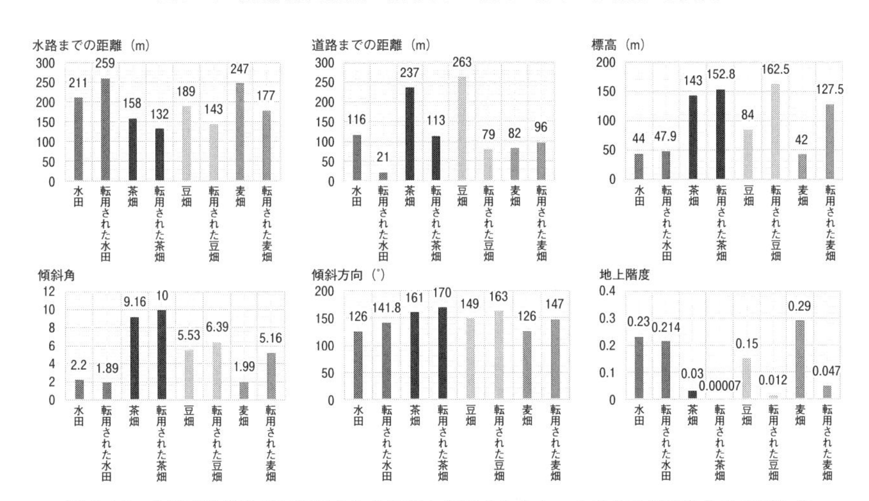

図8-14　太陽光発電施設に転用された農地と転用されなかった農地の地理的条件の平均値

0.54%が太陽光発電施設に転用されていた。このように、麦畑が最も多く転用されている傾向が見られ、水田は最も低かった（図8-13）。

さらに、櫛田川流域全体での農地転用の実態を把握するため、地理的特徴である標高、傾向角度、道路までの距離以外、傾斜方向、河川までの距離、地上開度といった多様な地理的要素に対して、何が有効に影響するのかを分析した。全農地に対する各指標の平均値を算出し、次に太陽光発電施設に転換された農地に対する各地理的指標の平均値を算出した。その結果（図8-14）、水路までの距離は、水田では全体平均より20%遠く、転用の影響要因の一つとなっている可能性が示唆された。また、道路までの距離は、太陽光発電施設への転用面積が最も多い麦畑以外、転用された農地は概ね道路から近い場所に位置していた。また、標高は豆・茶畑に影響することが分かった。特に茶畑は、転用地が標高・傾斜が大きい中山間部に集中していた。傾斜方向は特に関係性が見られないが、全体的に東南方向きの農地が転用されやすい傾向にあることが明らかになった。地上開度は、日照条件に厳しい豆畑と茶畑に影響があり、転用された場所の地上開度値は平均的に低いことが分かった。このように、作物ごとに、地理的条件が太陽光発電施設の立地選定に影響していることが明らかとなった。

一方で、そうした太陽光発電施設の設置が拡大することで、櫛田川流域における災害等の環境面にどのように影響しうるかの検証を行った。具体的には、AFRELという氾濫シミュレーションソフトを用い、豪雨時の氾濫への影響を評価した。まず実際の降雨量を用いて、水位観測所における水位変化を比べた。水位観測所の河川範囲内に2個のメッシュの水位変化を記録し、それぞれ観測データと比較した結果、一定の再現性が確認された。

そこで、太陽光発電施設の設置前後で、どの程度浸水区域に変化が見られるのかの検証を行った。Before（設置前）、After（設置後）で分析した結果、上流部において太陽光発電施設へと多く転用された下流部（支流と本流の合流部）において、浸水域の拡大、および水位の変化が確認された。また、同じ降雨量でも、時間が経つと設置前後の水位の差が少なくなることも分かった（図8-15）。

4　まとめ

本章では、人口減少に伴い、耕作放棄地の拡大する中山間部に焦点を当て、櫛田川流域を対象とし、地域の農家の方々へのヒアリングによる管理の実態把握を行った。その結果、中山間部の水田においては、主に河川との標高差による水管理や、農地の畦畔管理に多くの労力がかかり、負担となっていることが明らかとなった。また、谷あいの農地から耕作放棄が進展する傾向にあり、1年以上の耕作放棄地では、水田の貯水機能が低下し、草木の繁茂により再度耕作地に戻すことが困難となっていることが分かった。

さらに、そうした農地の実態をより自動化して確認するため、近年全国的

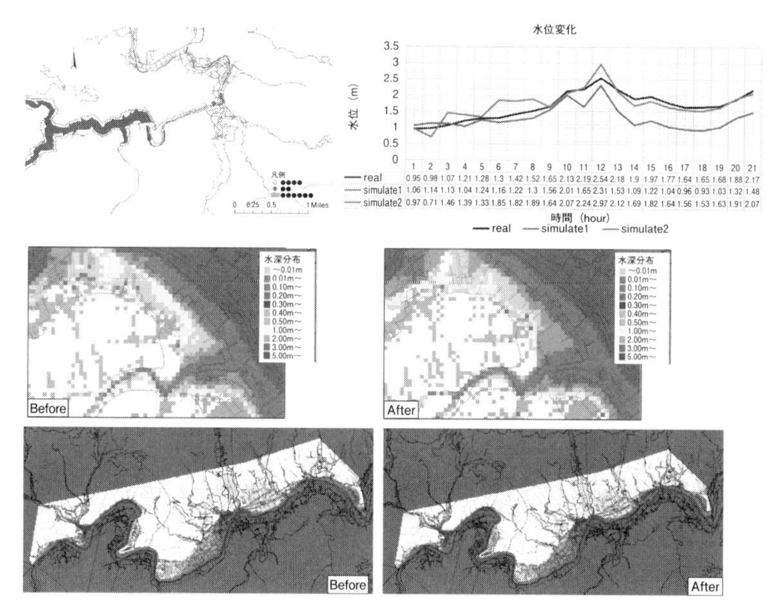

図 8-15　太陽光発電施設の設置前後での氾濫シミュレーション

に入手可能となったリモートセンシングデータおよび筆ポリゴンデータ、AI技術を活用し、農地の作物別の太陽光パネルへの転用の実態把握を行い、環境影響評価の可能性について検証した。各種類農地の転用傾向についての傾向を見ると、水田と茶畑は、相対的に太陽光発電施設への転用は少なかったが、豆畑と麦畑は転用、もしくは耕作放棄されたケースが徐々に増加する傾向にあった。現地農家へのヒアリング調査の結果、太陽光発電施設に転用した主な要因は管理者の高齢化による管理労働力の不足と家計の維持であることが明らかとなった。しかし、農地管理量アンケート調査によると管理労働量が最も高い茶畑は、転用が一番少なかった。また、麦畑より２倍の管理量がかかる水田も、転用の割合は麦畑の半分しかない。管理労働量は農地を太陽光発電施設に転用に対する主要な要因ではないと考えられる。そこで、各種類の農地の転用は、それぞれの作物の特徴・耕作環境により、地理的要素と関係していることが分かった。まず麦畑以外の３種類の農地は、主に道路から近いほど転用されやすい傾向があるが、これは、太陽光発電施設の送電網の観点からの設置しやすさと関連すると推測する。一方で、麦畑の転用は標高・傾斜角度と強く関係していた。これは、麦畑は他の農地より管理労働力が高く、標高が高い山間部など立地条件が厳しいところに投下する労働力と収益の点から考えると、太陽光発電施設へ転用されやすい可能性が考えられる。水田は他の農地より、河川から遠いほど転用されやすい傾向が見られるが、これは水田が、より河川から遠い程耕作放棄されやすい傾向と関連が深いと考えられる。現地で水田農家にインタビューを行った結果、パイプラインや用水路の整備など、水管理に関する作業は最も管理労働量と相関が高いことも影響していると考えられる。また、農地の傾斜方向は太陽光発電施設への転用にほぼ関係性がなかった。さらに、流域全体での農地の太陽光発電施設への転用率を見ると、主に川沿いの集落に発生していた。特に、下流部と中流部は川の北側での地域しか転用されていない状況である。日射量分析をあわせた結果、河川沿いと中下流部の農地立地は１日当たりの日照時間が長く、年間受ける日射量が多い、太陽光発電施設の効率最大化の点から選ばれやすいことが推定された。

一方、太陽光発電施設の影響については、設置前後において氾濫シミュレーションを行った結果、一定の浸水域の拡大等の影響が見られた。このように、農地の太陽光発電施設の転用においては、氾濫等の「洪水リスク」への影響をより精緻に検証していく必要がある。さらに、「生態系への影響」「眺望景観阻害」「設備放置懸念」「自然環境破壊」「地元住民との話し合い不十分」「隣接地との景観不調和」「反射光の影響」等、現地においても、多くの課題が蓄積されている状況にある。また、山の斜面へ太陽光発電施設を設置する場合、緩斜面の樹林地等がその対象地となり、樹木の伐採による自然環境への影響や、土砂災害リスクの懸念が増大する。地域との議論においても、地元が事業者との話し合いの機会を十分に持てない場合、事業者への不信感が生じ、発電施設の放置にもつながる。

以上、多様かつ高解像度のリモートセンシングデータやオープンデータが入手・活用可能となった今日、中山間部においても、農地の管理状況や放棄、太陽光発電施設への転用の実態を正確に時系列で把握することが可能となっている。そこで、このように、筆ポリゴンやリモートセンシングをベースとし、①管理・放棄・転用の実態把握、②環境影響評価を可視化し、地域で活用可能とすることは、多様な関連主体が、将来的に持続可能な共有を行いながらビジョンを描く上でも、基盤的な知見となりうるものであろう。

注

1）　農林水産省大臣官房統計部　経営・構造統計課センサス統計室（2023）：2020 年農林業センサス結果の概要（概数値）

2）　ESA, Copernicus Open Access Hub, https : //scihub.copernicus.eu/

3）　農林水産省、https : //www.maff.go.jp/j/tokei/porigon/index.html

参考文献

Liang-Chieh, George Papandreou, Iasonas Kokkinos, Kevin Murphy, Alan L. Yuille（2017）“A Yuille DeepLab : Semantic Image Segmentation with Deep Convolutional Nets, Atrous Convolution, and Fully Connected CRFs” https : //ieeexplore.ieee.org/stamp/stamp.jsp?tp=&arnumber=7913730

Mcfeeters, S. K.（1996）“The use of the Normalized Difference Water Index（NDWI）in the delineation of open water features,” *International Journal of Remote Sensing*, 17 : 1425–1432, 10.1080/01431169608948714

Shimizu, Hiroyuki, Takatori, Chika, Kawaguchi, Nobuko, and Minamoto, Keidai（2016）“Integration of Landscape Management Labor Accounts,” Shimizu, Hiroyuki, Takatori, Chika, and Kawaguchi, Nobuko（eds.）, *Labor Force and Landscape Management : Japanese Case Studies*, Chapter 17.

Zhao, Yu, Qi Feng, Aigang Lu（2021）“Spatiotemporal variation in vegetation coverage and its driving factors in the Guanzhong Basin, NW China, Ecological Informatics” https : //doi.org/10.1016/j.ecoinf.2021.101371

池上佑里・西廣淳・鷲谷いづみ（2011）「茨城県北浦流域における谷津奥部の水田耕作放棄地の植生」『保全生態学研究』16：1–15。

小松光・篠原慶規・大槻恭一（2013）「管理放棄人工林は洪水を助長するか」『水利科学』56（6）：68–90。

第９章
土地利用状況把握における リモートセンシングの活用
耕作放棄地の自動判別手法の構築

祖父江侑紀・森山雅雄

農林漁業は、よく自然との戦いといわれる。現場で自然を相手にすることが基本となり、当然野外での活動が多い。そのような農林漁業で、部屋にいながらにして離れた現場の状態や情報を入手できたら便利だ、と感じている関係者も多い。昨今では、スマート農業、スマート林業といった言葉も聞かれるように、情報技術と農林漁業の現場を結び付けようとする動きがある。リモートセンシングもそのような技術の一つといえよう。

そもそもリモートセンシングとは、アメリカ地質調査所（USGS）の定義によれば、「離れた場所から（通常は人工衛星や航空機から）、地球で反射した、または地球から放射された電磁波を観測することにより、その領域の物理的特性を把握する手段である」[1)]。現在、リモートセンシングの利活用は、身近になっているGoogle Mapなどで見られる衛星写真の判読から、より高次のデータ処理をもとにした環境情報の把握まで広がっている。

1　リモートセンシングの概要と本章の構成

リモートセンシングは、まさに部屋にいながらにして、（部分的であれ）現地の状況を把握することができるツールであるが、離れた場所から対象を非接触計測するため、計測精度という点では、例えば直接樹木の直径を計測するといった接触計測には劣るが、表9–1に示すような優位性を持つ。

表 9-1　リモートセンシングの優位性

遠隔性	現地に行かなくてもデータが入手できる
広域性	一度に広域のデータが入手できる
反復性	（衛星リモートセンシングに限るが）定期的にデータが入手できる
一様性	ほぼ同じ精度の面的データが入手できる
統合性	地形、気象データなどを組み合わせた解析ができる

これらの優位性から、リモートセンシングは、対象領域の面的データを定期的に取得する必要がある分野で広く利活用されている。本章では、農業事業者数の減少に伴い増加している耕作放棄地の判別手法としてのリモートセンシングに焦点を当てる。耕作放棄地はその名の通り、農地として使われていた場所が放棄され、管理されなくなったまま放置されている“元農地”のことであり、日本各地で問題となっている。耕作放棄地は国家レベルで取り組まれている問題の一つであり、所有者の特定や農林業の土地利用に関する制度の改正も続いている（Kohsaka and Kohyama 2022）。耕作放棄地をどう活用していくかは、今後、持続可能な農業を考えるうえで重要な課題であるが、それにはまず、そもそも耕作放棄地の場所を把握しておく必要がある。しかし、状況は時間とともに変化するため、ある程度定期的に調べなければならず、それを現地に赴いて行うには、多くの人手が必要であり、時間、費用も負担になる。そこで、期待されるのがリモートセンシング技術の活用である。本章は本節を含め 6 節で構成されている。まず次の第 2 節で三重県松阪市飯(いい)高(たか)地域で行った耕作放棄地推定の結果について簡単に紹介し、第 3 節と 4 節でその解析に使った方法について、事例を示しながら説明していく。具体的には第 3 節では、どうやって衛星画像を判読するのか、といった衛星画像データの表示法を説明する。第 4 節では土地被覆の判別・分類といった対象そのものを把握するための自動処理（省力化）の方法について解説する。第 5 節では 3・4 節で説明したデータや手法を踏まえて、2 節で紹介した飯高地域の耕作放棄地の判別の具体的な方法について解説する。最後に、第 6 節でまとめとしてリモートセンシングの将来について述べる。なお、本章で紹介する手法は専門的な理論を基盤としているため、本章の末尾で付録 1 と付録

図 9-1　耕作放棄地の推定結果の一部。結果を国土地理院の航空写真にオーバーレイ表示している。図中の○が解析の結果、推定された耕作放棄地である。

2としてやや専門性の高い用語や現象を説明した。付録１では、リモートセンシングの基礎となる科学的な現象を説明している。付録２では、衛星の軌道はどのようなものなのか、また、その観測形態について解説しており、リモートセンシングデータはいついかなる時でも取得できるわけではないこと、リモートセンシングは、決して“宇宙にあるディジタルカメラのような写真”というわけではなく、温度や表面の粗さを計測することが可能であることを説明している。2〜5節で「なぜ？　なに？」という疑問がわいたら適宜ご参照頂きたい。

2　耕作放棄地の判別

１節で触れたように、現地に行かずとも広域的かつ定期的にデータ入手が可能な点がリモートセンシングの強みである。本節では、リモートセンシングデータを活用すると、どのような結果が得られるのかを簡単に紹介する。図 9-1 は、三重県松阪市飯高地域の一部の航空写真である。この航空写真には、森林、市街地、川があり、さらに家の近くに農地が存在している。図の中央に画像に重ねて表示されている二つの◯の位置が、リモートセンシングデータ解析の結果、耕作放棄地として推定された箇所である。この画像からわかる通り、通常の航空写真を見ただけでは、○が付いている農地とその隣の農地のどちらが耕作放棄されているのか、その違いを判断することは不可能である。耕作放棄されているかどうかを判別するためには、様々な情報を得られる衛星データと手法を応用した解析が必要である。この結果を得るために、まず画像の中から、どこが農地なのかを知るための土地被覆分類を行い、さらにそれらの農地が耕作放棄されているかどうかを知るために耕作放棄地特有の様々な条件を考慮した分類を行った。この解析に活用した衛星データと解析手法について、次節から事例を紹介しながら説明していく。

3　画像判読のためのリモートセンシングデータ処理

リモートセンシングデータは、衛星に搭載されたセンサによってキャッチされた地表の情報を格納したデータである。代表的なセンサには、光学センサと合成開口レーダと呼ばれるセンサの２種類がある。光学センサは、最も広く活用されているセンサであり、太陽の反射を観測し、様々な電磁波の波長帯を情報として捉えるものである（図 9–2 左）。人の目が色として検知できる波長帯は限られているが、例えば赤外線などのように、人間の目には見えない波長帯もデータとして使用することができる。一方、合成開口レーダは衛星にレーダを搭載し、衛星からマイクロ波を地球表面に向かって斜めに放射し、その反射を観測する（図 9–2 右）。このような観測によって得られたデータは、地表面の凹凸具合を情報として捉える。この地表の凹凸の度合いを粗度と呼ぶ。例えば地表に建物がある箇所の粗度は高い。逆に水面のように平らな箇所は、粗度が低い。このように、二つのセンサはそれぞれ地表面の異なる情報を捉えることができる。センサにはこの２つのほかにも観測形態があるが、観測形態の詳細については付録２をご参照頂きたい。

このようなリモートセンシングデータを熟練者の目で見て、何がどこにあるか、それがどのような状態なのかなどを把握することを画像判読という。判読をより容易にするために、画像を見やすい階調にするのはもとより様々なデータ処理を行う。その処理法について以下に説明する。

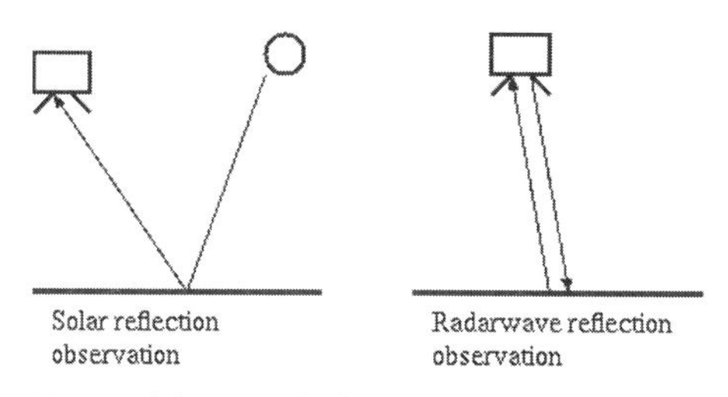

図９-2　光学センサ（左）と合成開口レーダ（右）の概念図

カラー合成

まずはイメージしやすい光学センサの説明から入ろう。人間の視覚は、光の三原色といわれる赤・緑・青の３種類の放射強度を個別に検知し、それらの大小を色として認識する。人の目は可視光しか検知できないが、人が解釈しやすいように、リモートセンシングで得られた任意波長での観測値を赤・緑・青に割り当てて、特定波長の観測値をわかりやすく画像化することができる。代表的なのは、植生解析によく用いられる赤外カラー合成である。健康な葉は、光合成の性質上、近赤外を強く反射し、赤を強く吸収する特性がある。したがって、植物が反射する近赤外と吸収する赤の差は非常に大きい。このため、植生状態を把握するためには、近赤外の観測値を赤、赤の観測値を緑、緑の観測値を青に割り当ててカラー合成表示することで、植物がある箇所は赤色に見え、可視域だけのカラー画像よりも植生状態が強調される。この原理の詳細は本章の末尾にある付録１を参照して頂きたい。

このカラー合成は、複数の波長を赤、緑、青に割り当てるだけではない。合成開口レーダで観測された複数の時期のデータを、それぞれ赤、緑、青に割り当てることで、時期の違いによる地表の変化が色として表現できる。先に述べたように、合成開口データは、地表の粗度が反映された値を観測するため、値が大きければ表面が粗いことを意味する。合成開口レーダの原理の詳細についても、付録１を参照して頂きたい。一般的に市街地や森林は、短期間で高さが大きく変わることはないため、表面粗度は年間を通して変化が少ないが、草地や農地は１年間に、成長や刈り取りなどにより高さが変わり、粗度が変化する。特に田は、田植え前の代掻きで水を張るため、この時期はほぼなめらかな表面（7月）となり、代掻き前の掘り起こした状態（5月）、稲刈り直後の稲穂が刈り取られた状態（10月）よりも、合成開口レーダの観測値は小さくなる。これは個別の画像を見ても判読できるが、カラー合成画像であれば、代掻き時期の色が濃くなることで、田と他の被覆の色の違いが歴然となる。

シュードカラー表示

リモートセンシングデータには、多くの波長、時期で観測された多次元データだけでなく、温度や標高などのような値を一つしか持たない一次元データも利用される。一次元データを画像化する場合、単純な白黒表示を用いる場合もあるが、画素の値に応じて異なる色を割り当てるシュードカラー表示と呼ばれる方法を利用することが多い。シュードカラーの色割り当ては、画素の値の変化に従って色合いを連続的に変化させるものと、特定の画素値を強調するように割り当てるものがある。例えば標高データを示す場合、白黒表示では、海と陸の違いがわからないが、シュードカラー表示では標高が低い箇所に青色、高い箇所に茶色、など標高の違いによって色を割り当てることで、海陸の境界、低平地と山岳地の違いが明確になる場合がある。

インデックス化

リモートセンシングデータは地表、地形、大気の影響を含んだものであり、反射率のようなプロダクトも、例えば通常の植物の反射はどのようなものかといった各土地被覆の反射率の特性を理解していないと、カラー合成画像でも被覆の判断がしにくい。このため、複数の波長を演算処理して、特定の被覆の有無または多寡を表すインデックス（指数）を作成し、判読に利用することが多い。代表的なインデックスは、画素内の植生被覆に一対一に対応する正規化植生指数（Normalized Differential Vegetation Index : NDVI）や、画素内の土壌水分に一対一に対応する正規化水分指標（Normalized Differential

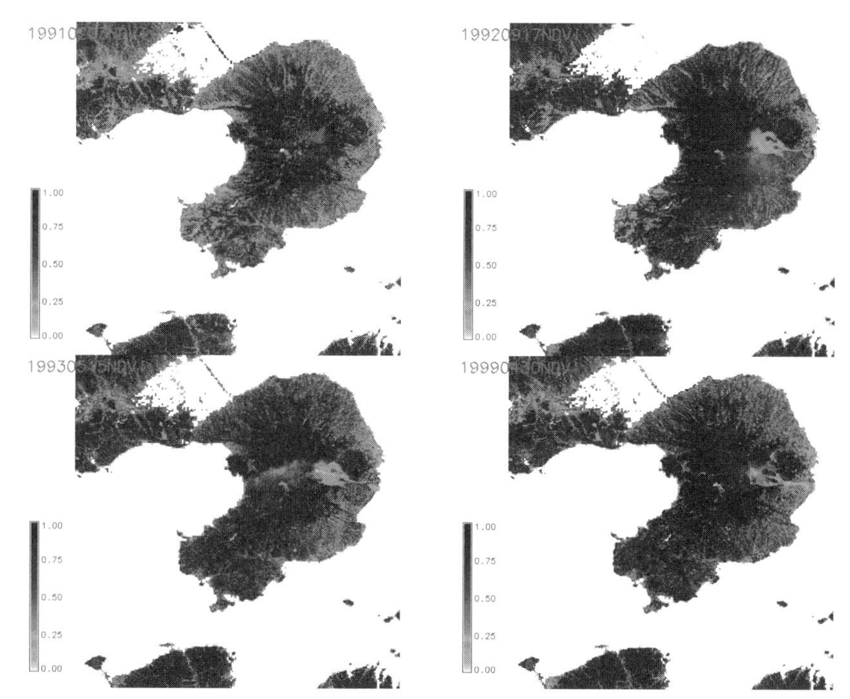

図9-3　LANDSAT 5号の観測データから求めたNDVI画像（左上：1991年2月3日、右上：1992年9月17日、左下：1993年5月15日、右下：1999年4月30日）

Wetness Index：NDWI）などがある（土屋 1990）。これらの指数は−1〜1の値をとり、NDVIの値は1に近いほど植生被覆率が高いこと、NDWIは1に近いほど水分量が高いことを意味する。

島原半島中央の普賢岳の噴火の様子を例に、インデックス化した画像がどう見えるのかをみてみよう。普賢岳は1990年11月に噴火し、翌12月には小康状態になったが、1991年2月12日に再噴火した。その後土石流、火砕流が何度か生じ、1991年6月から1994年にかけて大規模な火砕流と土石流が何度か発生し、多くの被害を出したが、火山活動自体は徐々に弱まり、1996年6月に噴火活動終息宣言が発表された[2)]。インデックス化した画像を使うことで、このような大きな火山活動が起きた際に、その周辺の植生被覆がどのように変化しているのかを簡単に知ることができる。図9-3に、NDVIで示した画像（1991年から1999年にかけてNASAの地球観測衛星LAND-

SAT5号が観測したデータから作成した島原半島のNDVI画像）を示す。図9-3では、色が濃いほどNDVIが高い、つまり植生被覆率が高いことを示している。

図9-3の左上の画像は、1991年2月の再噴火直前の植生状態であり、島原半島全域に植生が分布していることがわかる。右上と左下の画像は、噴火活動が継続し何度かの土石流と火砕流が生じている最中の植生状態であり、山頂から東に向けて火砕流により植生域が削られ続けている状況が把握できる。右下は噴火活動終息から3年後の植生状態であり、火砕流によって削られた領域の一部に植生の回復が見られる。このようにリモートセンシングデータから作成したインデックスを表示すると、特定の被覆の状態を強調して判読することが可能となる。

4　土地被覆を知るためのリモートセンシングデータ処理

リモートセンシングデータの目視判読で安定かつ高品質な結果を得るには、各分野の熟練者が実施する必要がある。また、コンピュータによる処理を行うことで、より安定した結果が得られることが期待される。ここでは、リモートセンシングデータを使った分類の原理や方法について、事例を紹介しながら解説する。

リモートセンシングデータは、画像として各画素に多くの情報を持っている。それらすべての画素に意味を付けることであり、多くは2節でも触れたように、画像のどの箇所が水、植物、建物なのかといった土地被覆を明らかにするために利用される。分類の方法には、多くの波長で観測された反射率や、複数の時期（例えば1月、5月、8月など）に観測された情報といった複数の情報（これを多次元特徴量と呼ぶ）が必要であり、多次元特徴量を統計的、または人工知能を用いた手法で処理する。分類には大きく分けて2種類ある。一つは、解析者が事前に複数の被覆の多次元特徴量を定義しておき、リモートセンシングデータの各画素がどの被覆に属するかを決定する分類方法である。この解析者が事前に定義した情報を教師データと呼ぶ。教師データは、いわば“お手本”であり、それを事前にアルゴリズムに教えておくことで、

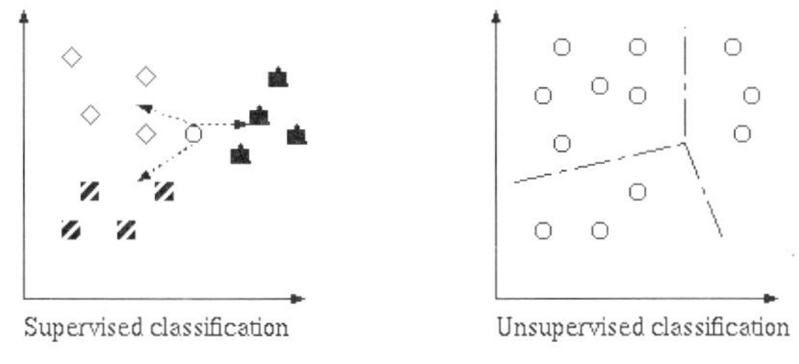

図 9–4　教師付き分類（左）と教師なし分類（右）の概念図

それらの教師データをもとにコンピュータが画素をグループ化していく。この教師データを使って行う分類方法を教師付き分類（Supervized classification）と呼ぶ。もう一つは、教師データを用意せず、多次元特徴量空間で自動的にデータ集積または分離の大きな境界を見つけて、似たような多次元特徴量を持つ“似たもの同士”を集め、グループを決める方法であり、それを教師なし分類（Unsupervized classification）と呼ぶ。図 9–4 に教師付き分類（左）と教師なし分類（右）の概念図を示す。教師付き分類では、人間の手作業で作成された教師データを基にすべての特徴量をグループ化していく。それに対し、教師なし分類では人の手を介さず特徴量同士の距離等によって自動的に線引きを行いグループ化する。

教師付き分類は、まず、人間が分類すべき教師を決め、その教師が分類できる特徴量と分類手法を決定する必要がある。教師、特徴量、分類手法は、試行錯誤を何度か繰り返して決定されるものであり、このため教師付き分類は、分類の前段階である教師データ作りに大きな労力が割かれることになる。このような教師付き分類の成果として、JAXA や NASA などの衛星運用機関が提供する土地被覆分類図がある。これらは、様々な分野の利用者が多様な目的で利用するため、ある程度一般的な被覆を高精度で分類することが求められる。このため、様々な分野の研究者が参画する大掛かりなプロジェクトの成果となる。

一方、教師なし分類は、多次元特徴量さえあれば似たような特性を持つ分類結果（クラスと呼ぶ）を得ることは容易である。しかし、解析者がクラスからわかるのは多次元特徴量の特性のみであり、必ずしも利用者が必要とする被覆に対応しているとは限らない。このため分類後に、どの時期にどの色に見えるか、どの波長の反射が強いか、といった多次元特徴量の特性やGoogle Mapなどの解像度が高い画像をもとに、どのクラスが何を意味するのかを読み取る必要がある。ここで分類後のクラスが利用者の望むもので無かった場合には、適切な分類結果が得られるまで特徴量の再選択、分類法の変更などを行う必要がある。

以下に、教師なし分類について、バングラデシュ・テクナフ半島の地表面反射率（2016年2月18日に、NASAの地球観測衛星LANDSAT8で観測）をもとにした土地被覆分類の事例を示しながら解説する。テクナフ半島は、中央に山脈があり、多方向を向いた斜面が多数存在するため、大気の影響を除去しても地表面反射率には地形の影響が残存する。地形によって受ける影響のことを地形効果と呼ぶ（詳細は付録を参照頂きたい）。このまま分類を実行すると斜面の向きで分類されることになるため、地形効果を抑制するインデックスを計算し、それらをもとに分類を実施する。利用したインデックスは、前述のNDVI・NDWIと、緑の被覆があると大きい値を示すGRVI（Green Red Vegetation Index）（赤と緑から計算される）の3種とした。これらは全て地形効果を抑制する働きがあるが、各インデックスの特徴は異なるので、それぞれが分類結果にどのように影響するのかを説明する。

NDVIが他と比べ大きくなっている（濃くなっている）場所がある。これはNDVIが植生（健康な葉）の存在に敏感であり、画素内に植生が少しでも存在するとNDVIの値が急増する傾向があるためである。また、NDVIでは高い値を示しているにもかかわらず、GRVIがさほど大きくない場所がある。これはGRVIがNDVIとは逆で、画素内の植生が多くないとGRVIが大きくならないという性質のためである。このことから、同じ植生に対応したインデックスであるNDVIとGRVIの両方を使うことで画素内の植生の有無と多寡が単体利用よりも、より明確に判別できると考えられる。このデータの教師なし分類結果を図9–5に示す。左が分類画像で右が分類した各クラスの重心である。重心の値を見ることで、各クラスの特徴を把握することができる。分類画像に、クラス1はほとんど見られないため、実質的にこのデータは4種類の被覆からなると考えられる。四つのクラスの重心を見ると、クラス2は二つの植生指数（NDVIとGRVI）が小さくNDWIが大きいため水を含んだ

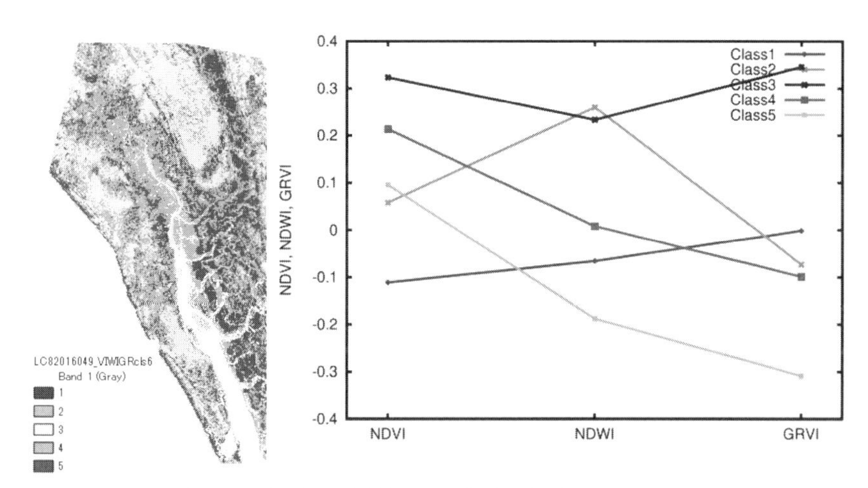

図 9–5　教師なし分類結果（左：分類画像、右：クラス重心）

裸地と考えられ、クラス 3 は二つの植生指数が大きいため密な植生、つまり森林と考えられる。クラス 4・5 は、NDVI は大きいが GRVI が小さいため、まばらな植生、特にクラス 5 は 4 よりも植生量の小さい被覆であると考えられる。

上記の教師なし分類結果では、健康な葉の有無しか判別できなかった。これは一時期の光学センサの観測値から推定した地表面反射率だけでは、草と木の判別がしにくいことを意味する。では、これを複数の時期で見てみるとどうだろうか。同じバングラデシュのテクナフ半島の時系列 NDVI データを用いた教師なし分類例を見てみよう。この地域は 4 月から 10 月が雨季、残りの時期が乾季である。雨季空けは土壌に水が多く、草も木も健康な葉を多く付けている。その後、乾燥が進行するにつれて土壌の水分が減少し、根の小さな草本は枯れるが、根の発達した木本は健康な葉が若干減少するに留まると考えられる。時系列の NDVI の値を見ると、雨季空けから乾季が続くに従って枯れる草は NDVI の値が顕著に減少するが、木本はそれほどでもないという性質をもとに、草と木を判別することができる（Tani et al. 2018）。図 9–6 に、2016 年秋から 2017 年春にかけて 9 時期に観測した NDVI データを特徴空間として教師なし分類を行った結果を示す。ここで使用された衛星画像データは欧州宇宙機関（European Space Agency：ESA）の運用する地球観

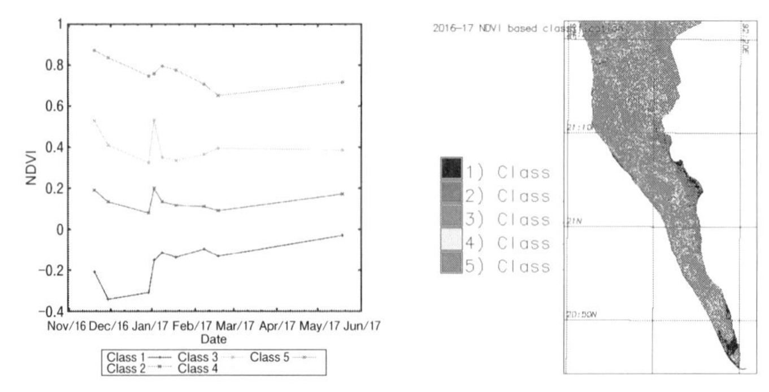

図 9–6　バングラデシュテクナフ半島の 2016–17 年にかけての NDVI の変動から分類した土地被覆（左：クラス重心、右：分類図）

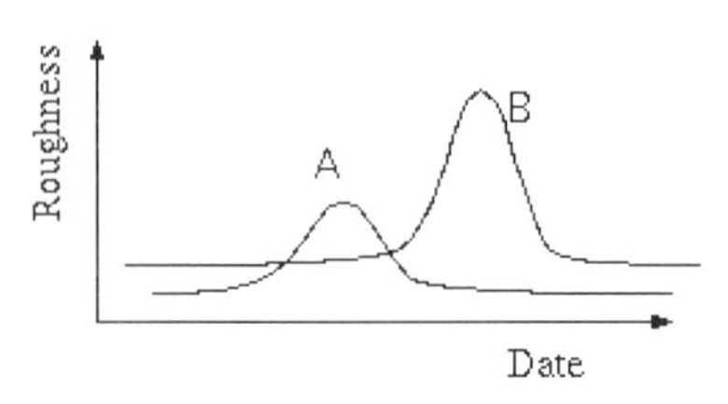

図 9–7　作物による地表面の粗さの年内変動の模式図。A と B は種類の違う作物。

測衛星 Sentinel-2 に搭載された光学センサ MSI（MultiSpectral Imager）の観測値である。

結果としてクラス 5 が森林、クラス 4 は森林の境界にある複数の植生が混合した被覆、クラス 1–3 が木本でない被覆であると判断された。

これまで見てきた例はすべて、被覆の反射率の波長特性の差を用いる分類であった。このような分類方法は、合成開口レーダの複数時期の観測値を用いて行うこともできる。例えば農作物は、植え付け、成長、収穫の各段階で一年間の間に作物の背が変わることで地表面の凹凸、つまり粗さが変化し、その変化度合いは作物によって異なる（Wali et al. 2020）。この模式図を図 9–7 に示す。この違いを利用することで、衛星データから、どの農地に何の農作物が植えられているのかを推定することができる。

ここで長崎県を例として、合成開口レーダを用いた分類方法を見てみよう。図 9–8 に、2020 年 1 年間の長崎県全域の合成開口レーダ（ESA の運用する Sentinel-1 衛星に搭載されたデータ）による観測値（31 シーン）を示すが、それをもとに教師なし分類を実施した。

この画素値が大きいほど地表面が粗いことを意味する。このなかから、まずは農地だけを抽出する。日本では農林水産省が農地として利用されている

図 9-8　2020年合成開口レーダ（Sentinel-1）で観測された長崎県全域

土地の区画情報をデジタルデータ化し、筆ポリゴン[3)]として一般公開している。この筆ポリゴンデータを使って、画像から農地のみを抽出し、全31時期の多次元特徴量空間内で教師なし分類を実施した。その結果、長崎県内の農地は22クラスに分類された（永尾・森山 2021）。そのなかで特徴的な農地のクラス重心を図9-9に示す。

図9-10は、典型的な場所として左は壱岐島（いきのしま）中央部、右は諫早（いさはや）市飯盛（いいもり）地区の分類結果を国土地理院シームレス航空写真にオーバーレイ表示したものである。左の壱岐島中央部は、クラス3・5・6の3クラスが多い。クラスの重心（図9-9）を見ると、クラス3は6月下旬に非常に小さい粗度を示し、その後粗度が上昇し、10月下旬に粗度が低下している。これは稲作の典型的な農事歴と一致するため、水田であると判断される。クラス5は、粗度が6～7月にピークとなり春と秋は小さい。これは典型的な草の成長の形であり、単なる草地ともいえるが、水田のまわりに集中して見られるため、もとは水

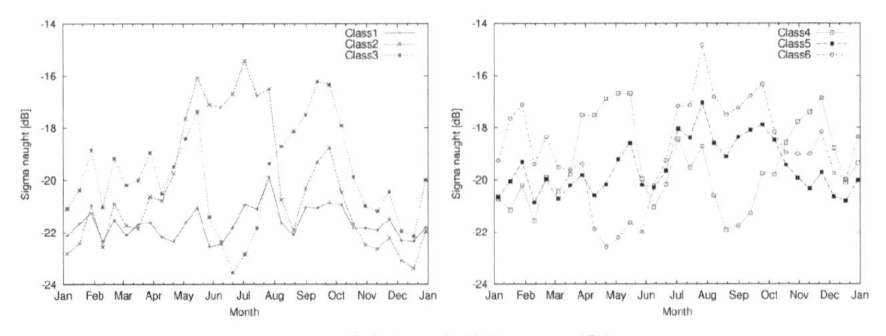

図 9–9　代表的な分類結果のクラス重心

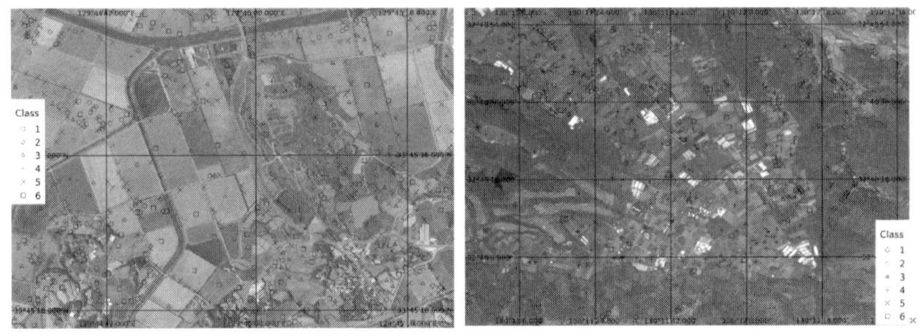

図 9–10　2020 年長崎県農地分類結果（左：壱岐島中央部、右：諫早市飯盛地区）

田だった場所で牧草を育てているものと考えられる。クラス 6 は 5 月と 12 月に粗度が小さくなり、それ以外は粗度が大きく、特に 2 月と 8 月に粗度のピークが見られる。これは 2 月と 8 月に成長のピークを迎えていることを意味しており、このことから麦の二期作、または米と麦の二毛作であると判定できる。

図 9–10 右の諫早市飯盛地区はクラス 4 が多く見られる。クラス 4 は、5・8・12 月に粗度のピークを持ち、ピークの間は粗度の変動（上がり下がり）がない単調な減少／増加が確認できるため（図 9–9）、この場所はじゃがいもの三期作畑と判定できる。

このように、1 年間の地表面粗度の変動を用いて作物の判別が可能である。この方法は、合成開口レーダを用いているため、曇りや雨天でも観測可能なことからデータ数が確保でき、分類に用いる特徴量として、年度が変わっても安定しているという利点がある。このため、今後、日本のような多雨地域においての合成開口レーダの利活用が増加すると予想される。

5　耕作放棄地判別手法の説明

様々な衛星データと手法の統合

これまでの節で、分類の方法や異なる衛星画像データを活用した分類の事例を説明してきた。合成開口レーダは天候の影響を受けず、センサの異常がなければ定期的に地表を観測できるのに対し、光学センサは雲の影響を受けるため、定期的なデータ取得が困難であるという欠点を持つ。一方で、表面の粗さしか観測できない合成開口レーダに比べ、光学センサは多波長での反射率推定という高次元のデータ取得が可能である。このようにそれぞれ利点・欠点のある両者の統合利用は、今後のリモートセンシングの利活用において主流になるデータ処理であると考えられる。

先に２節で紹介した耕作放棄地の判別は、合成開口レーダと光学センサの両方を活用して行われた解析である。この解析は、科学技術振興機構／社会技術研究開発センター（JST/RIXTEX）「農林業生産と環境保全を両立する政策の推進に向けた合意形成手法の開発と実践」プロジェクトの一環として再生可能な耕作放棄地を同定するために実施したものである。再生可能な耕作放棄地とは、耕作放棄された元農地の中で再生利用が可能な場所である。耕作放棄されてから１年以上が経過すると再生利用が困難になることから、再生可能な土地は放棄されてから日の浅い農地となる。それを判別するにあたり、①背の高い植物が生えておらず、②冬は裸地になり、かつ③ソーラーパネルなどが設置されておらず、④駐車場や道路のようにコンクリートやアスファルトが張られていない場所であるという条件を満たすことを想定した。そこで、まず農地のみを対象とするため、前述した農林水産省の筆ポリゴンで農地と判別されている箇所を抽出し、そのうえで農地として抽出された画素において、次に挙げる三つの条件を満たす画素を耕作放棄地として選択した。①１年間における合成開口レーダの最大観測値（地表の最大粗度）が小さい（１年を通して成長する作物、背が高く根の張るような植物が生えていない）、

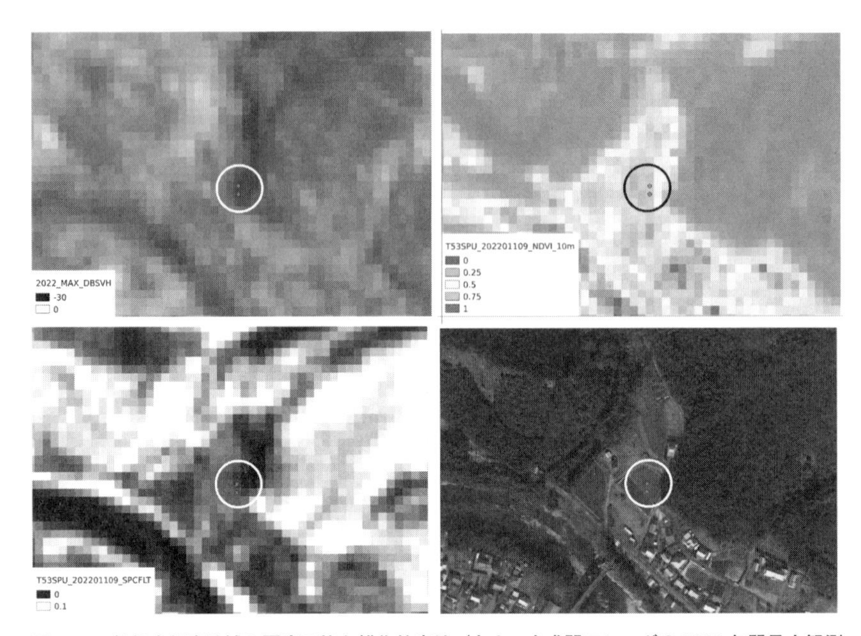

図 9–11　松坂市飯高地域の再生可能な耕作放棄地（左上：合成開口レーダの 2022 年間最大観測値、右上：2022 年 11 月 9 日の NDVI、左下：2022 年 11 月 9 日の RGB 方向の地表面反射率標準偏差、右下：耕作放棄地を国土地理院の航空写真にオーバーレイ表示したもの）

②冬に光学センサで観測した植生指数が小さい（冬は裸地になる）、③光学センサで観測した青、緑、赤の地表面反射率の波長方向の標準偏差が大きな（無彩色でない）場所。これらの条件を満たす画素を耕作放棄地と定義し、合成開口レーダと光学センサの両方を用いて、2022 年の三重県松坂市飯高地域の耕作放棄地を検出した。図 9–11 の各図中に示されている○は耕作放棄地と判別された画素の位置を示している。まず、図 9–11 左上の画像は、合成開口レーダの 2022 年の 1 年間における最大観測値を示している。先にも述べたように、最大観測地が小さい、つまり地表面の凹凸が小さいということは、その土地に 1 年を通して成長する植物がないことを意味する。この図では色が濃いほど観測値が小さく、成長に応じて背の高さが変化するような植物がないことを示している。今回耕作放棄地と判別された画素は、周囲と比較して色が濃いことがわかる。次に、図 9–11 右上の画像は、2022 年 11 月 9 日の NDVI を示している。NDVI は植物の有無と多寡の状態を示すため、

NDVIが低いということは11月に植物がない、もしくは少ないことを意味する。図では、色が薄いほどNDVIが低いため、判別された対象画素は周囲と比較して植物が少ないことがわかる。最後に図9–11左下の画像は、2022年11月9日の青・緑・赤方向の地表面反射率標準偏差である。これらの波長方向の標準偏差が大きいということは、青、緑、赤の強度のばらつきが大きい、つまり地表面に何らかの色があることを意味する。これは駐車場や道路のようにコンクリートやアスファルトが張られていない場所をはじくために使用されている。図9–11右下の画像は、2節でも紹介した航空写真である。今回の分類は、画像の画素ごとに行われているため、耕作放棄地であるかどうかの判別結果は、画素ごとに得られる。図9–11の左上下、右上の三つの衛星画像データの各画素の大きさは、地上で見た場合の10m四方である。

分類を行ううえでの空間分解能の影響

上記の解析を進めるうえで、課題となったのが空間分解能による検知限界である。リモートセンシングで得られるデータは、ほとんどが画像として提供される。画像を構成している各画素1辺に対応する地上での長さを空間分解能という。例えば、今回の解析で使用した衛星画像データの各画素は、地上における10m四方の範囲の情報を記録しているが、それを空間分解能が10mという言い方をする。図9–12に空間分解能と検知限界の模式図と航空写真に10m間隔のグリッドを重ねて表示した例を示す。

図9–12左の正方形のマス目が空間分解能（1画素）を表すとして、空間分解能と同じ太さの帯状の被覆を斜線、空間分解能の3倍の太さの帯状の被覆を灰色で表している。空間分解能と同じ太さの被覆が完全に1画素を覆うことはなく、空間分解能の3倍の太さの被覆に完全に覆われている画素が数画素あることがわかる。1画素内に特定の被覆が多く存在すれば、その画素はその被覆の特性が多く反映されるため、正しい被覆に分類される可能性が高まるが、当該画素に他の特性の被覆が混在する場合には正しい結果にならない可能性もある。このようにリモートセンシングデータの空間分解能よりも

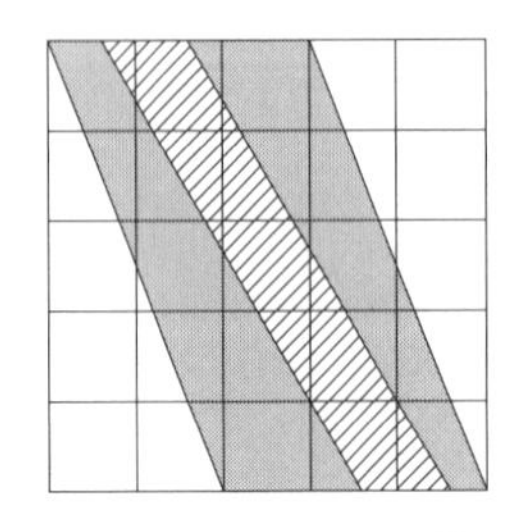

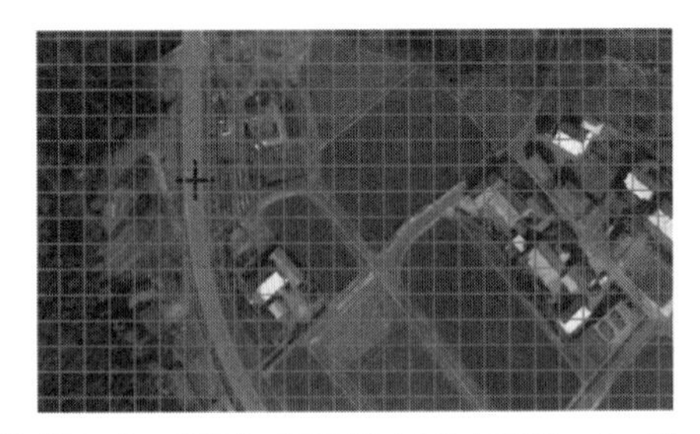

図 9-12　空間分解能と検知限界（左：模式図、右：松坂市乙栗子地区の航空写真に 10m 間隔でグリッド表示したもの）

小さい被覆変化は分類困難であり、正しく分類されない可能性が高いといえる。つまり、空間分解能が 10m であるとすれば、10m 四方において、農地、ビニールハウス、小さな池（水域）が混在している場合、その画素をどの土地被覆として分類するのかは非常に難しい。図 9-12 右は国土地理院のシームレス航空写真に 10m 間隔のグリッドを重ねて表示したものである。耕作地は一つのグリッド、つまり 10m 四方よりも大きいものが見受けられ、本手法の適用可能性が示されているが、家屋、庭、ソーラーパネルなどの土地被覆は 10m より小さく、一つのグリッド内に混在している場合があるため、これらの分類が困難であるのが理解できる。

6　リモートセンシングの将来

今回紹介した耕作放棄地の判別方法を開発するにあたり、5 節で述べたように分解能の検知限界の問題から、多少の誤判別は避けられない点が課題である。これはリモートセンシングデータを使用していれば必ず生じる課題であるが、ポイントを押さえて現地を検証することで、誤判別の影響は最小限に抑えることが可能である。

この判別結果を活用することで可能となる人手・費用・時間の負担の軽減は大きなメリットである。現在でも、多くの分野でリモートセンシングは盛んに利活用されており、今後、より高解像度のセンサ、多波長観測が可能なセンサを搭載した人工衛星が運用されていくことが予想される。また、ド

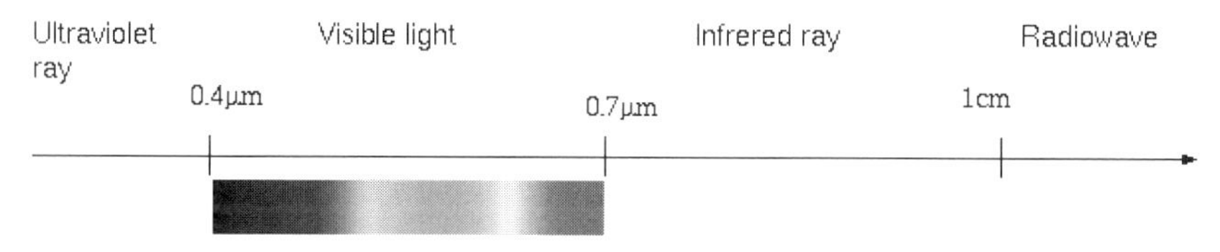

図9-13　波長別の電磁波名称

ローンなど、利用者自身が必要な領域を高い空間分解能で計測する手段が一般化され、環境の遠隔計測の品質向上、利便性向上が期待できる。真にリモートセンシングデータを有効活用するためには、他分野の研究者、利用者との密接な連携により、利用者が利用目的に沿ったデータ、プロダクトを選択、評価することであると考える。

【付録1】リモートセンシングの物理――放射伝達

地球の情報をセンサまで運ぶのは電磁波である。

電磁波のエネルギの伝搬を放射と呼び、放射と物質の相互作用を放射伝達と呼ぶ。

電磁波の波長による分類

電磁波は、波長により異なる名称がついている。図9-13に波長別の電磁波名称を概略的に示す。波長が1［cm］を超える電磁波は電波と呼ばれ、リモートセンシングではこのうち波長が数～数十［cm］のマイクロ波が利用される。波長が0.4～0.7［μm］の領域は、人間の目に見える可視光と呼ばれる。可視光の範囲での波長の違いは色として感じられ、長い方から赤、橙、黄、緑、青、紫に対応している。赤よりも長い波長の電磁波は赤外線と呼ばれ、紫よりも短い波長の電磁波は紫外線と呼ばれる。紫外線からマイクロ波までの電磁波がリモートセンシングで利用される。

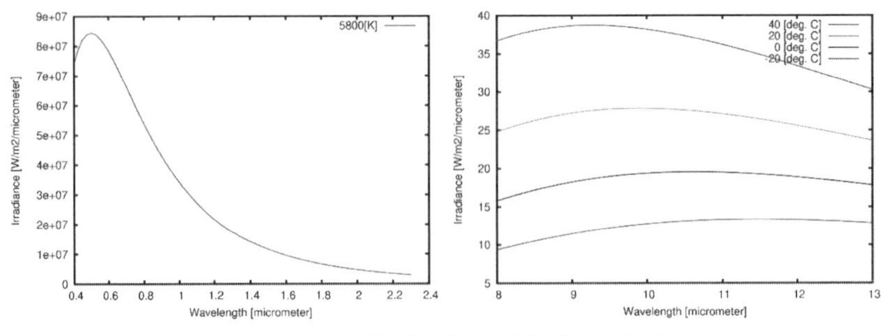

図 9-14　波長別熱放射（左：太陽、右：地球上）

放射源

全ての物体は、その温度に従ったエネルギの電磁波を放射するというプランクの法則がある。電磁波の放射源は様々であるが、リモートセンシングでは、マイクロ波以外はこのプランクの法則に従った熱放射による放射が地球の情報をセンサへ運ぶ。図 14 に温度 5800［K］（太陽表面）での放射エネルギと表面温度が－20～40［℃］（典型的な地球上の物質）の波長別放射エネルギを示す。

一つの波長に着目すれば、高温の物体ほど大きなエネルギを放射する、これが非接触式の体温計の測定原理である。また、高温になればなるほどエネルギの極大を示す波長が短くなる。

放射伝達――透過、反射、吸収

放射が物体に入射すると、透過、反射、吸収の 3 形態に分かれる。透過と反射は放射エネルギのままであるが、吸収された放射は熱、または化学エネルギとなる。図 9-15 にこの模式図を示す。

エネルギ保存則から、透過したエネルギ（Et）、反射したエネルギ（Er）、吸収されたエネルギ（E_a）の和は入射エネルギ（E_0）と等しくなる。また、入射エネルギとそれぞれのエネルギの比を、透過率、反射率、吸収率と呼び、これらの和は 1 となる。これらは、物質依存であり、かつ波長依存である。

このとき、入射エネルギは、その面に垂直に入射する成分に相当する。このため、例えば北半球の北斜面のように相対的に太陽が低い場所では反射、吸収のもととなる入射エネルギが低くなり、画像では暗く見える、これを地形効果という。

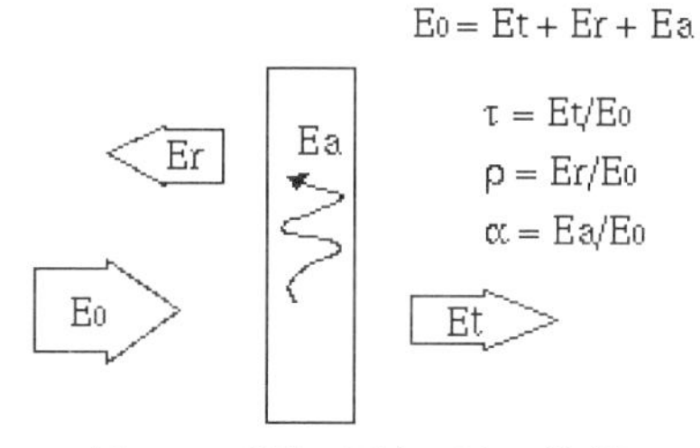

図 9–15　透過、反射、吸収の模式図

分光反射率

どの波長を最も強く反射するかは、その物体によって異なる。このことを波長依存性（分光反射率）と呼ぶ。太陽放射の反射を捉えるリモートセンシングでは、対象の分光反射率を捉えて、対象の検知、同定をする応用が一般的である。人間の視覚の色検知は、物体の反射率の波長依存性を捉えるものである。図 9–16 に、代表的な被覆である有機土壌、針葉、広葉、草、枯れ草、コンクリート、アスファルトの可視域から赤外域にかけての分光反射率を示す。これらは、NASA ジェット推進研究所が Spectral library として公開しているものである[4]。

いくつかの被覆の分光反射率について説明する。まず有機土壌は、可視域では赤黒く見える。これは青（0.45［μm］）、緑（0.55［μm］）の反射率に比べ赤（0.65［μm］）の反射率が相対的に大きく、可視域では反射率の絶対値がさほど大きくないことによるものである。次に、健康な葉は、青と赤の放射を吸収し光合成を行うため、可視域では緑の反射率が高い。実際には、0.8［μm］以上の波長（近赤外）での反射率が非常に大きいが、この波長域は人の目には見えないため、健康な葉は人間の目には緑に見える。一方、枯葉は光合成をしないため、青、赤の反射率が健康な葉に比べて高い。最後にアスファルト、コンクリートの人工物は、波長方向の反射率の変動が少ないことが見て取れる。

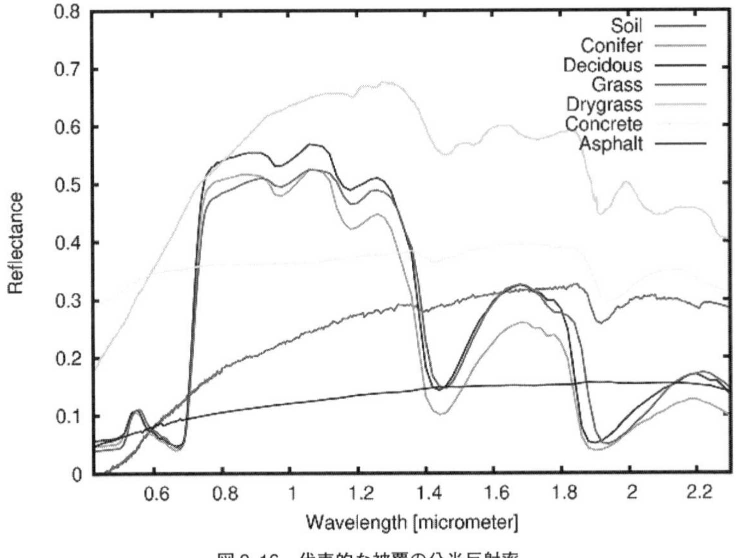

図 9-16　代表的な被覆の分光反射率

反射の種類

物体の表面の状態により、反射の仕方は異なる。物体の表面状態の違いとは、例えば鏡のように滑らかな表面、手触りで譬えるならばつるつるした表面での反射は、入射は一方向に反射する、これを鏡面反射と呼ぶ（図 9-17 左）。しかし現実の地表面などは、凹凸があり、ざらざらとした表面がほとんどであり、ある面に入射した放射は全方向に反射していく、これを拡散反射（乱反射）と呼ぶ（図 9-17 右）。このように、反射の違いには表面の粗さが関係している。表面の粗さが入射する放射の波長と同程度ならば鏡面反射となり、表面の粗さが入射する放射の波長を超えると拡散反射が生じ、鏡面反射成分に拡散反射成分が混ざった反射形態となる。さらに表面の粗さが増加すると、鏡面反射成分が減少し、拡散反射成分のみとなる。

可視、近赤外域での観測では、利用する波長が短い（μm 程度）ため、拡散反射が支配的であるが、長い波長（数～数十［cm］のマイクロ波）を利用する場合に、表面の粗さによる反射形態の差を積極的に検知する場合がある。

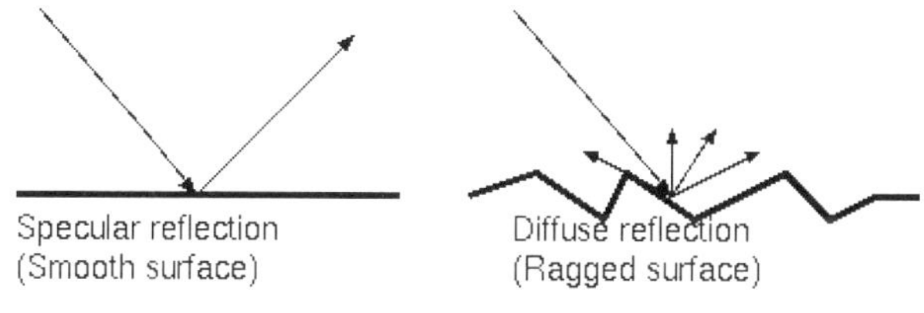

図 9-17　鏡面反射（左）と拡散反射（右）の模式図

大気の透過率

リモートセンシングは、宇宙から大気を通して地球表面を観測するため、観測データは大気の透過率の影響をうける。大気透過率は、大気構成物質による吸収と大気分子または浮遊粒子（エアロソル）による散乱（放射が粒子に衝突すると進行方向が変わること）の影響をうける。散乱は波長が 1.5［μm］以下の放射で生じ、その程度は波長が短くなるほど顕著になる。この散乱の影響により、短波長では波長の減少とともに総透過率がなだらかに低下する。地球表面を観測する場合には、透過率の高い波長帯を用いる必要があるが、透過率が高くても、観測データに大気の影響は存在する、特に複数の観測日のデータを比較する場合、その観測値には、表面状態だけでなく、大気の情報も混入しているため、このような時系列処理を行う場合には、大気の影響を除去する必要がある。

【付録 2】リモートセンシングの工学

人工衛星の軌道

衛星軌道は衛星に作用する地球からの万有引力と衛星の運動による遠心力が釣り合うように決まるため、任意高度に任意速度の衛星を配置することはできない。衛星軌道は、その用途によっていくつかの種類がある。地球観測センサを搭載する人工衛星は、大別して２種類の軌道を利用する。まずは衛星の地球を周回する周期が地球自転周期と同じになるような軌道であり、地上の一点から見ると衛星が静止しているように見えるため静止軌道（Geosta-

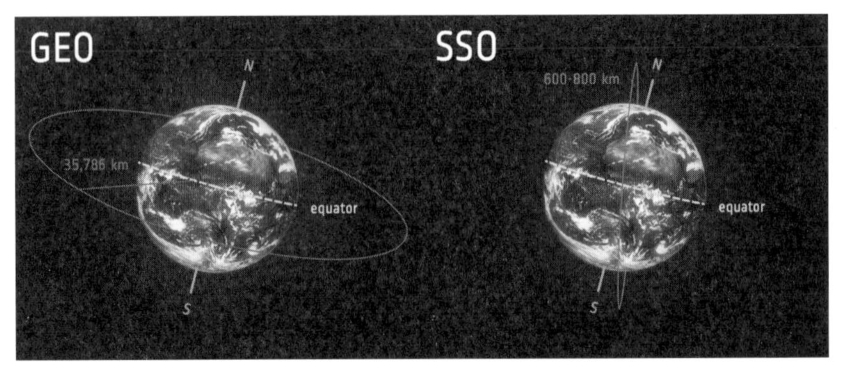

図 9-18　静止軌道（左）と太陽同期極軌道（右）

tionary Orbit：GEO）と呼ばれる。静止軌道は高度約3万6000［km］で実現できる。静止軌道に配置された衛星の利点は短時間間隔で同一点を観測できることであり、一方欠点は地球の半分しか観測できないことと、高度が高いために空間分解能が低いことである。このため、短時間間隔で半球観測を行い、雲を観測することで天気の移り変わりを把握する必要がある気象衛星が、各国の運用機関ごとにこの軌道上の異なる経度に複数に配置されている。もう一つの軌道は、北極から南極にかけて子午線から約10°傾いた、高度600～800［km］程度の軌道である。この軌道の衛星には直下点を観測する時刻が同じ時刻になる特性を持つものがあり、そのような軌道を太陽同期極軌道（Polar and Sun Synchronous Orbit：SSO）と呼ぶ。この軌道上の衛星の周回周期は約100分であり、衛星の1周回の間に地球が自転するため、この軌道上の衛星からは、1日に地球を昼夜1回ずつ観測できる。太陽同期極軌道に配置された衛星の利点は、高度が低いため空間分解能を高くできることであり、欠点は観測頻度が低下することである。気象衛星を除くほとんどの地球観測衛星がこの軌道に配置される。両軌道の概念図を図9-18に示す[5]。

観測形態

リモートセンシングの観測形態は、利用する波長帯によって3種類に大別できる。最初は、3節で簡単に紹介した太陽の反射を観測する形態である。

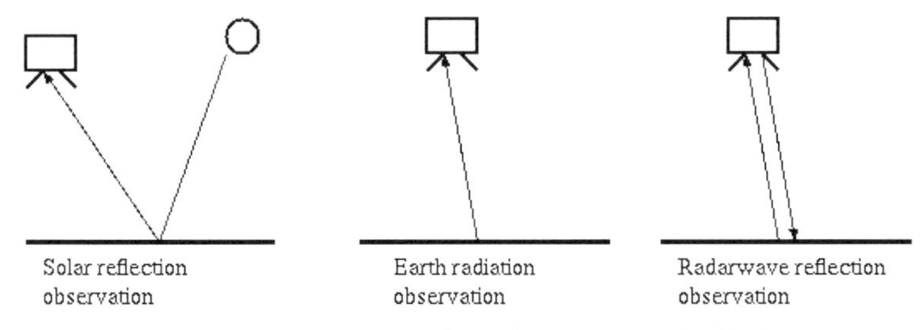

図 9–19　衛星観測の３形態、左：太陽放射の反射観測、中：地球放射の観測、右：レーダ観測

この観測で用いられる波長帯は紫外線、可視光、そして 2.5［μm］付近までの赤外線であり、当然であるが昼のみの観測となる。この観測で用いられるのは、主に地表面反射率の物質と波長依存性であり、それらをもとに表面の被覆同定や被覆量推定に利用される。次は、地球自身が放射する赤外線やマイクロ波を観測する形態である。この観測は太陽の出ていない夜間でも可能であり、表面温度や大気構成物質量の推定に利用される。最後は、３節で紹介したように、衛星にレーダを搭載し、衛星から波長数～数十［μm］のマイクロ波を地球表面に向かって斜めに放射し、その反射を観測するものである。前の二つの観測形態では衛星に到達した放射エネルギのみを記録するが、レーダを利用する場合には、反射エネルギとそのときの位相を記録し、ホログラム作成と同様の処理（合成開口処理）を行い、空間分解能を向上させている。このため、このようなレーダを合成開口レーダと呼ぶ。表面の粗さがマイクロ波の波長以下であれば鏡面反射が生じるため衛星方向へはほとんど反射しないが、粗い表面であれば拡散反射により多くの反射エネルギが衛星に到達する。この形態の観測は、あたかも暗い部屋で壁の照明のスイッチを手で探るように、表面の粗さの触覚検知といえる。加えてこの波長帯のマイクロ波は、雲や雨を透過するため、全天候型の観測が可能となる。図 9–19 に観測３形態の模式図を示す。

空間分解能と観測幅

衛星の軌道に垂直方向の観測領域の地表上の長さを観測幅という。観測幅が大きいということは、衛星が対象点の直上にいなくても対象点を観測できるということであり、極軌道衛星でも観測頻度が上がることになる。観測幅が広く、空間分解能が高い（1画素の地上投影長さが小さい）データが望まれるが、観測したデータを衛星から地上に転送する際のデータ量に限界があるため、そのようなデータは残念ながら存在しない。したがって、空間分解能が高いが観測幅が狭く観測周期が長いデータ（細かい箇所まで見えるが1枚の画像の範囲が小さく、データ入手可能な日時が限られる）と、その逆で空間分解能は低いが観測幅が広く観測周期が短いデータ（小さい事物は捉えられないが、1枚の画像の範囲が広く、日ごと、5日おきなどデータ入手可能な日時が多い）から、用途によって適切なデータを選択することが必要となる。空間分解能と観測周期の問題を解決するため、高空間分解能のセンサを搭載した小型衛星を多数打ち上げ、1［m］程度の空間分解能データを毎日提供している民間会社もある。

プロダクト

衛星で観測した放射強度画像を地図に合わせ、センサの感度ムラを補正したものをLevel1プロダクトと呼ぶ。Level1プロダクトはいわゆる衛星写真であり、90年代半ばまでは、NASAなどの衛星運用機関から提供されるデータはこの形式しかなく、利用者が雲判定や大気の影響の除去などの処理をする必要があった。このような利用者の負担を低減するため、90年代に入るとNASAが地球観測システム（Earth Observing System；EOS）計画を発表し、衛星運用機関がLevel1プロダクトを標準的なアルゴリズムで処理し、大気の影響を除去した反射率、温度などの環境物理量、およびそれらから導出された蒸発散量、バイオマス量などより高次の環境情報を作成・提供すること、加えて世界中の宇宙機関の観測衛星の統合利用を呼びかけた。それに各国の宇宙機関が賛同し、90年代半ばからEOS計画に沿った地球観測プロジェクトが開始、運用されている[6)]。前述した高空間分解能センサを搭載した小型衛星を複数運用している民間会社からも、大気の影響を除去した地表面反射率データを購入することが可能である。

表9–2　陸域を観測する主な衛星名、センサ名、観測波長帯、インデックス

[illegible]	[illegible]	[illegible]	[illegible]	[illegible]	[illegible]	[illegible]	[illegible]	[illegible]	[illegible]	[illegible]	[illegible]	[illegible]
NOAA	AVHRR			○	○	○	○	○			1.1km	
EOS-Terra/Aqua	MODIS	○	○	○	○	○	○	○	○		250m/500m/1km	NDVI, EVI, LST
Landsat-4/5/7	TM/RTM＋	○	○	○	○	○					30m	
	HRVIR-X/HRG-X		○	○	○	○					20/10m	
SPOT-4/5	HRVIR-X/HRG-P		Panchromatic								10/2.5-5m	
	VEGETATION	○		○	○	○					1km	NDVI
	PRISM		○								2.5m	
ALOS	AVNIR-2	○	○	○	○						10m	
	PALSAR									○	10m-	
IKONOS	Multi	○	○	○	○						3.3m	
	PAN		Panchromatic								0.82m	
QucikBird-2	Multi	○	○	○	○						2.44m	
	PAN		Panchromatic								0.61m	
GCOM-C	SGLI	○	○	○	○	○		○			250m/1km	NDVI, EVI, SDI, LST...
Sentinel-1	C-SAR									○	20m-	
Sentinel-2	MSI	○	○	○	○	○	○				10/20/60m	

＊SDI：カゲ指数（スペクトル情報を用いた植生の陰影の割合を示す指数）
＊LST（Land Surface Temperature）：地表面温度（地表面の温度［K（ケルビン）］）

衛星の種類とインデックス

環境を把握するリモートセンシングは、対象を分類した結果と組み合わせた利活用が期待されている。本章でもいくつかの衛星センサやインデックスを紹介したが、ほかにも多くの衛星運用機関が物理量の集計値や、多様な環境過程モデルから推定した多様なインデックス、物理量を公開している。

陸域を観測する主な衛星センサと観測波長帯、インデックスの一覧を表9–2に示す。

注

1）　https://www.usgs.gov/faqs/what-remote-sensing-and-what-it-used
2）　https://www.city.shimabara.lg.jp/rekishi/page2234.html
3）　https://www.maff.go.jp/j/tokei/porigon/
4）　https://speclib.jpl.nasa.gov/
5）　https://www.esa.int/Enabling_Support/Space_Transportation/Types_of_orbits
6）　https://eospso.nasa.gov/

参考文献

Berk, A. L.（1989）“MODTRAN: A moderate resolution model for LOWTRAN7,” Hanscom AFB.

Kohsaka, R., Kohyama, S.（2022）“State of the art review on land-use policy: changes in forests, agricultural lands and renewable energy of Japan,” *Land*, 11（5）: 624.

Tani, M. et. al（2018）*Deforestation in the Teknaf Peninsula of Bangladesh: A Study of Political Ecology*, Springer.

Wali, E., Tasumi, M. and Moriyama, M.（2020）“Combination of Linear Regression Lines

to Understand the Response of Sentinel-1 Dual Polarization SAR Data with Crop Phenology-Case Study in Miyazaki, Japan," *Remote Sensing*, 12（1）: 18.
土屋清編著（1990）『リモートセンシング概論』朝倉書店。
永尾俊樹・森山雅雄（2021）「合成開口レーダを用いた長崎県の農耕地モニタリング」『2020年度日本リモートセンシング学会九州支部研究発表会論文集』5–8。

終章
困難な合意形成を実現していくために

香坂 玲

本書のきっかけとなったプロジェクトを開始した2020年は、大きな変化の年であった。何よりも新型コロナウイルスと呼ばれたCOVID-19の感染拡大は甚大な影響を及ぼし、国際情勢、社会、個人の生活が激変した。2019年12月初旬に中国の武漢市での最初の感染者が報告されたが、日本では2019年末までは海外での出来事と傍観していた面もあった。ところが、2020年1月15日に日本国内で最初の感染者が確認されると、瞬く間に日本の社会の様相や生活は一変させられた。日本を含むアジアの感染症から世界的な流行いわゆるパンデミックとなるにも時間を要しなかった。筆者が2020年1月末のオンラインの国際会議で日本国内の変化を冒頭で話した際には、欧州の一部の参加者は「アジアでは大変だね」という同情的な反応だった。それが間もなく他人事ではなくなり、欧州では感染拡大に伴い、日本よりもさらに踏み込んだ行動制限措置などに踏み切る国も多くあった。同時に、人の移動によって世界が繋がっているというグローバル化の強みが、感染症を広げてしまうという面を併せ持つことを見せつけた。

その結果、それまであまり考えられなかった入国制限や自国内のロックダウンなどの行動制限措置に加え、当然守るべき価値観としての市民の「自由」や「権利」をどこまで制限するのか、何が「責任」や「責務」なのかといった議論が、欧州や米国を中心に感情的な要素も相まって激しくなされた。ロックダウンの結果、米国ニューヨーク州では大都市近郊の公園を訪れる人数が多すぎることに近隣の住民が抗議をし、車でブロックをするといった事態も引き起こされた。国内においても、県境を越えた移動の自粛などが呼びかけられ、筆者も近隣の森林で訪問者に調査をしていて、「すいません、実は県外からの訪問です」と恐縮されたことを何度か経験した。庭や公園、あるいは農地や森林などの緑の価値が再評価された反面、強いストレスが働くなかで摩擦も生じ、地域の内外で排他的、不寛容な側面も露呈した。

コロナ禍のなかで、自由や権利と責務の相克の議論は、移動や行動の分野に限らなかった。新型コロナウイルス対策特別措置法の成立と時を同じくして、2020年3月に土地基本法が改正され、本書のテーマに関連する土地の所有に関しても、「土地所有者の責務」が規定された。空き家問題などに象徴されるように、所有者による適正な土地管理が行われないと、その土地だけではなく、雑草の繁茂や不法投棄など近隣への弊害も発生すること、また地震や豪雨などの自然災害の際の防災や減災の観点からも、所有者には権利だけではなく責務もある点が明記された。登記や相続がなされないことで所有者を把握することに膨大な時間と労力がかかっている点も背景にあった。所有者不明の土地は、特に農地や林地において歴史的に大きな課題となってきた。その難題解決に向けて、所有を絶対視するのではなく、所有と管理や経営の分離、所有者が必ずしも特定できていなくても必要な施業を実施していく方向の制度が実施され、進展しつつある。また所有者を特定し、その意向を把握する取り組みも、森林環境譲与税の予算を活用する形で実施している地方自治体も少なくない。ただし、問題の規模に対し、都道府県・市町村などの現場レベルでは人数も含め人的な能力などの制約も多い（森林であれば本書の光田靖の1章など）。そうした状況において、広域のゾーニングを実施していくことが検討されているが、その際に初期の計画段階からの行政と所有者や住民の参画が欠かせず、そして研究者やNPOなどの伴走も有効となる。

このような土地の所有をめぐる議論の転換には、やはり人口減少も大きく関わっている。2020年は、農山村だけではなく、筆者が当時住んでいた愛知県名古屋市という三大都市圏の一角においてさえも、人口増から人口減に転じた年でもあり、都市部においても人口の面からの転換期に入った。都市部以外の地域では、人口減少は先行して課題となってきたが、人口減少とそれに伴う担い手の減少や生産現場の縮退は、土地の所有をめぐる議論にも波及している。

さて、コロナ禍において責務の議論と並んで、「科学と政治」の関係が大きな論点となった。特に、緊急事態宣言を発出するのかどうか、何を基準とするのかといった点について、科学と政治、あるいは専門家集団の発信と政府の政策との距離感に様々な反響があった。緊急であったということ、人々の行動様式を変える必要性があったという点からこれまで以上に科学と政治の対話がなされた反面、専門家の提言と政府による政策決定の関係性について、誤認や曖昧さがあったという批判もあった。新興感染症のパンデミックという状況下で不確実性が高く、その時に得られるデータでは必ずしも「正解が得られるとは限らない」状況、あるいは「リスクはゼロにならない」状況における科学と政策の対話について多くの課題と考える素材が明らかとなった。

例えば気候変動に関する政府間パネル（IPCC）など国際的な科学と政策の対話では、科学が提供する評価や情報は「政策に関連するが政策を規定しない」ということがポイントとなってきた歴史的経緯がある。もともと、提言を求められる科学者の特権的な立場を自制し、価値判断を伴う社会的に影響が大きい決定について、社会や政策が科学的な結果をそのまま「正解」と捉えることのないように、決定への関与を自重していこうという作用の結果でもあった。「真実が権力に語り掛ける」という言葉が科学者の間でよく使われるが、科学は分からないあるいは不確実な部分を追求し、前提条件などを明らかにしたうえで判断材料を広く提供するような役回りに徹しようという姿勢である。一方で、世論が分かれ、もめてしまう議題で、政治が困難を伴う決定をしたくない、あるいはできないために、中立とされる科学へ決定的見解を求めることもままある。国連の会合などで、世界規模での環境や生態系に関しての共通の指標や基準を議論している際に、「まずは専門家によって最新の動向を把握してもらい、選択肢の幅を提示してもらおう」という流れになったことは筆者も頻繁に経験した。ただし、専門家の報告を受けても、資源の配分など政治的な決着が必要な要因が妨げとなって結局は議論が進まないというパターンも多く経験した。「そこは専門家の話をよく聞いて」というのは政治がよく口にするフレーズだが、往々にして責任の所在の不明確化、あるいは先延ばしのための道具となってしまうリスクもある。また前述のように、科学には価値判断を行うのではなく、その判断材料や意思決定の素材を提供することが期待されるが、科学者や専門家も自らの研究を継続するうえで、関連する産業の利害と無縁ではなく、文脈や利害に埋め込まれたなかで研究を行っている現実もある。

さてコロナ禍における「科学と政治」の一連の議論では、英語のエビデンスに基づく政策立案（Evidence Based Policy Making）の頭文字を取ったEBPMにも注目が集まった。ただ実は、エビデンスに基づく政策の議論は、コロナの前から始まっており、特に2017年6月のいわゆる骨太の方針にも掲げられ、近年加速しつつあるところに、COVID-19の世界的な流行が起きたタイミングとなった。

ただし、序章でも指摘したように、一部の「成功事例」の列挙はエビデンスとはならない。本書もその認識に立ち、執筆者に成功だけではなく、苦労した点や必ずしも成功とはいえない点についてもなるべく如実に議論するよう依頼した。さらに、科学者・行政・住民などの立場によってエビデンスの解釈が異なるという点も、話し合いなどの前提条件となってくる。この点は、パンデミックであっても土地をめぐる議論であっても、共通した課題といえよう。

本書は、そのEBPMに関わる一群のプロジェクトの一角として実施されている。具体的には、科学技術振興機構社会技術研究開発センター（JST・RISTEX）が実施する「科学技術イノベーション政策のための科学研究開発プログラム」（総括＝山梨大学・山縣然太朗教授）の一環として実施された。プログラム全体では、医療、インフラ、教育などの一連のプロジェクトが含まれており、プログラム内でプロジェクトの連携も実施されている（例えば、本書の4章を執筆した木質バイオマスを対象とした豊田知世ら）。

筆者は農林業生産と環境保全に特化し、土地利用についての合意形成手法を確立するプロジェクトを実施している。人口・担い手の縮退する状況下では、生産に加え、環境保全・獣害対策・防災といった戦略的な判断が求められることから、労働コスト及び管理エリアの戦略的なダウンサイジングと、関連する政策である土地利用・管理政策などへの提起を目指している。国のレベルで、人・農地プランの実質化、森林経営管理制度及び森林環境譲与税、市町村管理構想・地域管理構想など様々なゾーニングや将来構想に関わる政策が打ち出された。

筆者がプロジェクトを開始した2020年以降、大きな変化のなかで「自由や権利と責務のバランス」、「科学と政策」という課題が社会・学術・政策の各場面で問われてきた。そのような状況のなかで実施してきたプロジェクトを軸とした本書は、「農林業生産と環境保全を両立する政策の推進に向けた合意形成手法の開発と実践」の手探りの記録にもなっている。また、研究者や専門家は「解答や正解を準備できる」ということではなく、その視点や方向性を引き出していく手伝いやサポートとして、どのような試みができるのか、という模索の記録でもあった。本書を手にし、農林業をめぐる地域の課題に対してどのようなアプローチがあるのか、その手法もさることながら、現実として課題がいかに火急で幅広いものであるのか、という点について実感いただきたいというのが、本書の原点ともなっている。また合意形成に向け、時間や空間の視点をずらす工夫や仕掛けにどこまで新規性や普遍性があったのかという点について、今後、本書の経験が共有されるなかで検証されることも期待したい。

プロジェクトを通し行政や住民の方々とのやり取り、メンバーの協力体制など私自身も学びの連続でもあった。またコロナ禍では地域の行政や住民の方々との会合は、何度も延期やリモートへの変更を余儀なくされ、緊急事態宣言のタイミングに振り回されたと感じる場面もあった反面、必要に迫られてリモートとなることで、住民の発言を記録しやすくなる面もあるといった方法論上の知見も得られた。あるいは、プロジェクトに限ったことではないが、生活や仕事のやり方を見直すなかで、価値観の転換も起きた。例えば、2021年6月に「森林は我々の新たなリビングになった」と題した論文がドイツの研究者によって発表され、自然との触れ合い、あるいはそのような環境で親しい人々とあるいは1人で過ごす時間や活動が見直された面もある。

またプロジェクトに付随して新たな展開もあった。そもそもは、プロジェクトの初期の段階において、研究者が構想や問題意識を分かりやすい言葉で語り掛け、住民が一緒に考えていくきっかけにしていくことができないだろうか、と考えたことに始まる。

松阪市役所の横にある中日新聞社の松阪支局長に住民向け説明会の取材をお願いしたことが縁で、「地域の課題　研究者も考えます」というシリーズのなかで、2021年5月より10月まで連載をさせていただいた。地域に密着した原稿となるように、中日新聞松阪紀勢版（松阪市・明和町・大台町・大紀町・多気町が対象エリアとなる）において、プロジェクトの参画者が輪番で寄稿した。加えて、筆者が当時在職していた名古屋大学大学院環境学研究科附属持続的共発展教育研究センターと連携する形で、プロジェクト以外のメンバーにも寄稿してもらい、松阪市内で実施された交通、人口、そして学校の校舎と福祉をつなぐ取り組みなどについても紹介することができた。

ちょうど東京オリンピックなどの一連のイベントが中止・延期となったこともあり、紙面に比較的余裕があったことも連載の掲載に限っては幸いした。写真の掲載を含めて、読者などから反響もあり、住民との距離の近さを実感させられることも多くあった。

研究者の日常では、国際的な査読誌において普遍的な知識を発信することの重要性が強調される。もちろん、そちらも大切にしながらであるが、限定されたエリアの数千人の読者を対象とした地方紙の地域版という枠のなかで、地域に密着して、大学の研究者がかみ砕いた表現で連載するというのは、地域連携の一つの新しい試みになったのではないかと自負している。

さて、筆者らが実施してきたプロジェクトの経験やそこから得られた知見をもとに、本書は第Ⅰ部で社会や人々が関わる「合意形成」に向けての試みについて考察・議論し、第Ⅱ部では「可視化」という技術的な展開とその手法を紹介している。今回のプロジェクトでの筆者の個人的な体験として、衛星画像から耕作放棄地かどうかを自動判別された土地（祖父江・森山の9章参照）を実際に検証に訪れた際に、判別が的中して耕作放棄されていた茶畑の跡地を見た際には新鮮な驚きを覚えた。ある意味では、かなり懐疑的であった自分が、土地利用の判別の省力化の可能性が腑に落ちた瞬間でもあった。もちろん、使用するデータの精度など様々な課題もあろうが、第Ⅱ部の各章での取り組みのなかで、農林業の現場において技術によって克服されていく要素とそうではない要素の一端が示された。今後も技術やそれを取り巻く政策を含めた社会情勢も加速的な変化が予測される。そのように技術と社会が変化していくなかでも陳腐化せずに、他の地域の自治体が同様の問題に取り組みたいと考えた際に、失敗を含めて参考となりそうな情報を寄稿してもらった。

また、今回のプロジェクトは実施した地域の住民の方々のご協力に負うところが大きかったが、当初は、合意形成のための話し合いの場があり、そこに研究者側の資料を提供する、という想定でいた。ところが、実際にはそうした話し合いの場をあらためて設ける必要があった。地域の話し合いの場で、じっくりと長期の土地構想や将来像に関する議論をすることが実際にどこまで行われているのか、という点については温度差があることを実感した。本書では試みの結果だけではなく、このようなプロセスのなかでの困難や課題も含めて共有すべく報告しており、今後、類似の取り組みを検討している自治体において参考となればと思う。

最後に余談となるが、プロジェクト雇用の若手メンバーがプロジェクト期間中に大学や政府での常勤の職を得て巣立っていけたことは喜びであった。また私自身も職場が名古屋から東京に変わり、迷惑をかけた面もあろうが、メンバーの協力によりプロジェクトを継続できたことに感謝している。

プロジェクトでは、地域を定めて、様々な媒体を使って模索を行なってきた。今後も全国でさまざまな模索が続くことであろう。地域の歴史、固有性を尊重しつつ、一つの地域での取り組みにどこまで横展開が可能な普遍性、教訓を共有できるのかを記録しようとした本書が、人口減少・社会の変化・技術の急速な展開を受けて変化していく部分と共通して取り組める要素・枠組についての議論の一助となれば幸いである。

プロジェクトに参加いただいた地域の皆様、プロジェクトの総括、アドバイザーの皆様にこの場を借りて御礼申し上げる。

本書は、日本学術会議（JSPS）科研費「気候変動・縮小期における観光と保全の両立：境界オブジェクトとしての土地利用マップ」（JP22H03852　研究代表：香坂　玲）の成果の一部も活用した。

索　　引

ア行

アクションリサーチ　67
阿波地区(三重県伊賀市)　45
意思決定　3, 11
イノベーション　11, 12, 156
インセンティブ　115
インターネット　145
エビデンス　10
小河集落(兵庫県相生市)　50
オープン化　148
オープンサイエンス　146
おじろ地区(兵庫県香美町)　46

カ行

カーボンニュートラル　107
科学技術　12
科学と政治　229
拡散反射　220
学術ジャーナル　149
可視化　28, 30, 54, 60, 127, 165, 197, 232
果樹園　172
価値観の転換　231
環境保全　1, 13, 23, 78, 98, 145, 230
管理強度　172
管理放棄　181
木の駅　110
旧飯高町地域(三重県松阪市)　2, 7, 9, 76, 99, 123, 127, 137, 183, 200
教師付き分類　207
教師データ　206
教師なし分類　207
共助　70
鏡面反射　220
空間分解能　215
櫛田川流域(三重県)　182
クラウドファンディング　152
景域　163
——管理作業量　164
——複合体　171
——保全計画　163
——ユニット　171
景観インベントリ　95
景観管理システム(SMS)　94
景観シミュレーション　81
景観評価　78, 99
畦畔　184
研究データ　148
合意形成　6, 35, 55, 77, 103, 116, 124, 140, 145, 153, 159
——手法　230
光学センサ　202
公共的アプローチ　84
耕作放棄地　5, 42, 44, 45, 163, 182, 188, 194, 201, 213, 232
公助　70
合成開口レーダ　202
荒廃農地　181
個体数管理　40, 50

サ行

再生可能エネルギー　1, 4, 10, 14, 75, 79, 95, 103
里山　181
市街地　173
視覚的影響範囲(ZVI)　86
視覚的影響評価　78, 100
自助　69
自然林　172
シチズンサイエンス　149
市町村森林整備計画　34
シビックテック　154

市民科学　150
獣害対策　40, 68, 230
　――の5か条　44
　地域主体の――　55
修正正規化水指数(MNDWI)　189
シュードカラー表示　204
住民自治協議会　47, 70
人口減少　1, 13, 69, 123, 124, 136, 163, 194
人工林　19, 172, 181
森林ゾーニング　19, 26
森林の多面的機能　23
垂直見込角　83
水田　172
正規化植生指数(NDVI)　204
正規化水分指標(NDWI)　204
生息地管理　40
生態学的立地区分　26
専門的アプローチ　84

タ行

太陽光発電施設　182, 188, 191
ダウンサイジング　2, 6, 126, 231
脱炭素　107
単純同齢林　20
地域通貨　110
　――ゲーム　117, 119
　デジタル――　112, 117, 119
地域の課題　231
地位指数　28
茶畑　172
デジタル化　145
デジタル技術　11
電力固定価格買取制度(FIT)　75, 108
特定鳥獣管理計画　49, 71
都市緑地　165
土地所有者の責務　228
土地の共用　24
土地の節約　24
土地利用　11, 13, 19
トレードオフ　24

ナ行

農業被害　45
農林業　13
　――生産　231
　――の現場　233
農林地管理　145, 153

ハ行

畑地　172
バック・エンド・プロジェクト　125, 142
話し合いの場　233
半農半X　179
氾濫　194
被害管理　40
風車ゾーニング　77
風力発電施設　76, 79, 98, 103
フォトモンタージュ　81, 101
筆ポリゴン　189, 211
フューチャー・デザイン　4, 123, 136, 141, 146
プレプリント　149
ブロックチェーン　155
プロボノ　154
分光反射率　219
分散型科学　155
補完性原理　55, 69

マ行

マッピング合意システム　2
見える化　6, 13, 76
木質バイオマス　107
もりぞん　30

ヤ行

野生動物管理　40, 68
横展開　233

ラ行

ランドスケープ　79, 89
リモートセンシング　199

流通スキーム　115
理論上の可視域(ZTV)　81
労働時間　184

ワ行
ワイヤーライン　82

英
Com-Pay　118
EBPM　2, 8, 11, 230
GIS　30, 60, 186
GLVIA　89
LiDAR　29
QGIS　60
Scitizen　156
Sentinel　189

執筆者紹介（執筆順、＊は編者）

＊**香坂　玲**（こうさか　りょう）

1975年生まれ。ドイツ・フライブルク大学環境森林学部博士課程修了（理学）。東京大学大学院農学生命科学研究科教授。専門は、森林環境資源科学、風土論、農林業と生物多様性保全。『有機農業で変わる食と暮らし――ヨーロッパの現場から』（石井圭一と共著、岩波書店、2021年）、『農林漁業の産地ブランド戦略――地理的表示を活用した地域再生』（編者、ぎょうせい出版、2015年）、『地域再生――逆境から生まれる新たな試み』（岩波書店、2012年）、『生物多様性と私たち――COP10から未来へ』（岩波ジュニア新書、2011年）ほか。2020年から2023年まで　本書の構想源となったプロジェクト『農林業生産と環境保全を両立する政策の推進に向けた合意形成手法の開発と実践』代表（科学技術イノベーション政策のための科学領域：JST RISTEX社会技術研究開発事業）。農水省食料・農業・農村政策審議会　基本法検証部会委員、環境省ネイチャーポジティブ経済移行戦略研究会委員ほか。

光田　靖（みつだ　やすし）

1975年生まれ。九州大学大学院生物資源環境科学研究科博士課程修了。宮崎大学農学部教授。専門は、森林計画学。『森林計画学入門』（分担執筆、朝倉書店、2020年）、『景観生態学』（分担執筆、共立出版、2022年）、ほか。

山端直人（やまばた　なおと）

1969年生まれ。京都大学農学部学位取得。兵庫県立大学自然・環境科学研究所教授。博士（農学）。専門は、農村計画学、野生動物の被害管理。『これからの地域社会のための獣害対策』（農林統計協会、2022年）、『実践野生動物管理学』（分担執筆、培風館、2021年）。農村の獣害を軽減させることを目的として、アクションリサーチの手法を用いた現地実証により、被害を軽減できるモデル地区の育成や、地域が主体的に被害対策を持続できる仕組みづくり、被害対策の多面的な効果等を研究する。兵庫県、三重県、京都府を中心に多数の集落で獣害を解決するための集落支援に携わる。

内田正紀（うちだ　まさき）

1997年生まれ。名古屋大学大学院環境学研究科博士前期課程修了。東京大学大学院農学生命科学研究科特任研究員。専門は、景観評価、環境・グラフィックデザイン。

宮脇　勝（みやわき　まさる）

1966年生まれ。東京大学大学院工学系研究科 都市工学専攻 博士課程修了。博士（工学）。名古屋大学大学院環境学研究科准教授。専門は、都市計画学、景観学。『ランドスケープと都市デザイン』（朝倉書店、2013年）、『欧州のランドスケープ・プランニングとプロジェクト』（マルモ出版、2013年）、ほか。

吉田昌幸（よしだ　まさゆき）

1977年生まれ。北海道大学大学院経済学研究科博士後期課程修了。上越教育大学大学院

学校教育研究科教授。専門は、進化経済学。『地域通貨におけるコミュニティ・ドック』（分担執筆、専修大学出版局、2018年）、「Relationship Between A Community Currency Issuance Organization's Philosophy and Its Issuance Form: A Japanese Case Study」（Kobayashi, Miyazakiとの共著、IJCCR 25（1）、1–15、2021）、ほか。

豊田知世（とよた　ともよ）
1981年生まれ。広島大学大学院国際協力研究科 開発科学専攻 博士課程後期修了。博士（学術）。島根県立大学地域政策学部准教授。専門は、環境経済学。『現代アジアと環境問題――多様性とダイナミズム』（分担執筆、花伝社、2019年）、『SDGs達成に向けたネクサスアプローチ――地球問題解決のために』（分担執筆、共立出版、2023年）、ほか。

中川善典（なかがわ　よしのり）
1977年生まれ。東京大学大学院工学系研究科 社会基盤工学専攻 博士課程修了。上智大学大学院・地球環境学研究科教授。専門は、質的研究、参加型ビジョニング、フューチャー・デザイン。『フューチャー・デザイン実践のために』（近日中にオンラインにて一般公開予定）ほか。

高取千佳（たかとり　ちか）
1986年生まれ。東京大学大学院工学系研究科博士課程修了。九州大学大学院芸術工学研究院准教授。専門は、景観生態学・都市計画。『Labor Forces and Landscape Management』（編著・分担執筆、Springer出版、2017年）、『Agrourbanism』（分担執筆、Springer出版、2019年）、ほか。

謝　知秋（しゃ　ちしゅう）
1993年生まれ。熊本大学大学院大学院自然科学教育部修士修了。九州大学大学院芸術工学府博士後期課程在学中。専門は、環境設計専攻。

林　和弘（はやし　かずひろ）
1968年生まれ。東京大学大学院理学系研究科 化学専攻 博士課程中退。日本化学会を経て、現在文部科学省科学技術・学術政策研究所データ解析政策研究室長。オープンサイエンスが専門で、G7、UNESCO、OECD、内閣府、文部科学省の政策作りに貢献。日本学術会議連携会員。情報科学技術協会副会長。

川口暢子（かわぐち　のぶこ）
名古屋大学大学院環境学研究科博士後期課程満期退学。愛知工業大学工学部社会基盤学科准教授。博士（工学）。専門は、都市計画・緑地計画。『Labor forces and landscape management: Japanese case studies』（共同編著、Springer）、ほか。

源　慧大（みなもと　けいだい）
1992年生まれ。名古屋大学大学院環境学研究科博士前期課程修了。株式会社アール・アイ・エー勤務（2017年〜）。『Labor Forces and Landscape Management: Japanese Case Studies』（分担執筆、Springer、2016年）。

祖父江侑紀（そふえ　ゆき）
1991年生まれ。千葉大学大学院理学研究科博士課程修了。東京大学大学院農学生命科学研究科特任研究員。専門は、植生リモートセンシング、GIS。

森山雅雄（もりやま　まさお）
1960年生まれ。千葉大学大学院自然科学研究科博士課程修了。長崎大学大学院工学研究科准教授。専門は、リモートセンシングデータ処理。『基礎からわかるリモートセンシング』（分担執筆、理工図書、2011年）、『Deforestation in the Teknaf Peninsula of Bangladesh』（分担執筆、Springer、2017年）、ほか。

人口減少期の農林地管理と合意形成
農林業生産と環境保全の両立を目指して

2024 年 9 月 1 日　初版第 1 刷発行

編　者　香坂　玲

発行者　中西　良

発行所　株式会社ナカニシヤ出版
〒 606-8161 京都市左京区一乗寺木ノ本町 15 番地
TEL 075-723-0111　FAX 075-723-0095
http://www.nakanishiya.co.jp/

装幀＝白沢　正
印刷・製本＝亜細亜印刷

ISBN978-4-7795-1815-7　C3036

新版　日本の動物政策

打越綾子

動物への配慮ある社会を実現するために、人と動物の関係をめぐる様々な政策、法律、制度とその運用についてトータルに解説する決定版。動物を愛する全ての人々のための一冊。最新の動向をふまえた改訂新版。　三五〇〇円＋税

入門　科学技術と社会

標葉隆馬・見上公一　編

科学技術をめぐるＥＬＳＩ（倫理的・法的・社会的課題）、ＲＲＩ（責任ある研究・イノベーション）に関する重要な論点を、理論、テーマ、事例の観点から網羅。初学者に向けてわかりやすく解説する。　二六〇〇円＋税

地域主義の実践

農産物の直接販売の行方

河内良彰

グローバル化の進展に伴う卸売市場流通の再編過程で、農産物の生産者はいかなる課題に直面し、いかにして困難を乗り越えてきたか。生産者が獲得した経済的・社会的地位の諸相を読み解く。　二五〇〇円＋税

土地所有権の空洞化

東アジアからの人口論的展望

飯國芳明・程明修・金泰坤・松本充郎　編

近年、都市部を中心に深刻化する所有者不明土地問題。その起源は中山間地にあった。人口論と国際比較の観点から、この問題の起源と特質を解き明かす。深刻化する森林管理問題の解決に向けて。　三六〇〇円＋税